虫洞书简

给青少年的74封信

王溢嘉 著

台海出版社

图书在版编目（CIP）数据

虫洞书简 / 王溢嘉著 . -- 北京：台海出版社，
2019.7（2021.7 重印）
ISBN 978-7-5168-2429-0

Ⅰ . ①虫… Ⅱ . ①王… Ⅲ . ①心理学—青年读物
Ⅳ . ① B84-49

中国版本图书馆 CIP 数据核字（2019）第 207871 号

版权合同登记号 图字：01-2019-4751

虫洞书简
著　　者：王溢嘉

责任编辑：王慧敏　贾风华　　　　　　　装帧设计：仙境
责任印制：蔡　旭
版权支持：锐拓传媒 copyright@rightol.com

出版发行：台海出版社
地　　址：北京市东城区景山东街 20 号　邮政编码：100009
电　　话：010 — 64041652（发行，邮购）
传　　真：010 — 84045799（总编室）
网　　址：www.taimeng.org.cn/thcbs/default.htm
E - mail：thcbs@126.com

经　　销：全国各地新华书店
印　　刷：三河市嘉科万达彩色印刷有限公司
本书如有破损、缺页、装订错误，请与本社联系调换

开　　本：880 毫米 × 1230 毫米　1/32
字　　数：150 千字
印　　张：6.5
版　　次：2019 年 7 月第 1 版
印　　次：2021 年 7 月第 11 次印刷
书　　号：ISBN 978-7-5168-2429-0
定　　价：39.80 元

○ 自 序

梦想与生命追寻的舆图

这是一本和年轻人谈心、谈人生、谈自我追寻的书。

本书在旧版问世后，先后有数篇文章被选入台湾中小学的语文教科书中，也被很多中学老师推荐为学生的课外读物。我一直心怀感激。

凡事必有因。我为什么会想到要写这样一本给青少年看的励志书呢？大约二十年前，当我看到正在读高中的女儿和读初中的儿子时，经常想起自己的过去，想起自己在青春岁月里曾经有过的向往、轻狂、彷徨与悲欢，而兴起无限的感慨与怀念。我觉得我有很多话想要跟他们说，因为我是个作家，觉得用说的不如用写的，又因为认为书信体比较亲切，好像在跟他们谈心一样，所以就开始着手写这一系列的书信。

写了几篇后，觉得应该"幼吾幼以及人之幼"，与其只写给自己的儿女看，不如写给更多的青少年看，所以在语气上有了一些变化。在写了更多篇后，又发现我在这些书信里的叮咛和祝福，表面上，是想说给我的儿女和时下的青少年听的，但事实上，却也是我在跟过去的自己交谈。在语言或文字后面，隐藏的其实是一个秘密的渴望："如果我还像你这样年轻，我就将会如何如何。"

　　这也是我最后将这些书信的收信人称为 M，而发信人则是 W 的原因。M 可以是我的儿女、是你、是现在的年轻读者，但也是过去的我；W 则是我的姓 Wang 的缩写，M 和 W 一前一后，还有颠倒乾坤的趣味。因此，如果你觉得本书有些地方好像在对你说教，还请你多多包涵，那其实是在说给过去的我听的。而我将本书命名为《虫洞书简》，正也暗含这个意思，因为根据当今奇妙的天文物理学理论，当我们搭乘宇宙飞船在浩瀚的宇宙中旅行时，如果穿越虫洞，那就彷如穿过时光隧道，会遇见过去的自己。

　　人生，是一个不断追寻和实现的过程。不同的追寻和实现，形成每个人独特的生命舆图与人生剧本。它们多如恒河沙数，但如果仔细去辨认、分析这些舆图与剧本的结构和脉络，却也不难发现，它们其实是由一些更基本的元素串连、拼凑而成，就好像生物界的基因舆图。当今的生物学家正摩拳擦掌，想拼绘出决定人类身体的遗传基因在染色体上的坐标。相对于遗传基因，人类也有一些非遗传性的观念基因，譬如人生观、价值观、道德观等，它们跳跃式地闪现于尘世的舞台上，就是这些基因组成了古往今来丰饶的众生相，以及人之所以为人的风格、尊严与荣耀。

　　所谓生命的追寻，有部分工作就是到古今中外一些发光的生命体中，去寻找此类的观念基因——生命的灵感，并尝试挑选、剪裁自己喜欢的某些基因，将它们嵌入自己的生命舆图之中。除了极少数人外，大多数人都需要先览读前人的生命剧本，然后再添枝加叶，去撰写属于他自己的人生剧本。

　　年轻，是寻找英雄、追随英雄的时刻。在这些信件里，我穿越我心灵的虫洞，到飘浮的时空中，四处去挑选、剪裁某些英雄人物生命中所流露出来的、让人感到温热的特质。它们大多是我不再年轻时才发现的，本想经由物理学的虫洞投递给过去的自己，再向春风舞一回，但却不得其门而入，所以最后收到信的其实是现在的你。

　　祝福你收信平安，开卷有益。

王溢嘉

2017 年 11 月

目 录
CONTENTS

目 录
CONTENTS

目 录
CONTENTS

目 录
CONTENTS

山集　海内存知己

目 录
CONTENTS

天集

振衣千仞岗

镜里朱颜

M：

"这就是我吗？"

你说你最近常在深夜揽镜自照，如此自问，并感到迷惘。

希腊神话中的纳西瑟斯，看到自己在水中的倒影，出神凝视，竟至爱上了自己。你说你是有点纳西瑟斯，但又不那么纳西瑟斯，你没那么自恋，更不想成为水仙花。

你说你的眉毛虽然英挺，却有点夸张；眼睛虽然清澈，却有点空洞；嘴唇虽然红润，却有点薄弱。在你那稚气的优美中，你看到的是稚气多于优美。

"这不是我想要的我。"你对镜彷徨，你凝视镜子，希望再造一个更令自己满意的"我"。

揽镜自照，是一种奇妙的体验。镜中那个影像，总是让人想起"我是谁"这个恼人的问题。

"我是谁？"当你对镜猜疑时，我想你在意的并不是你叫M、是一个学生这类的身份，或是眉毛、眼睛、唇角所组成的形体，而是某些内在的特质、信念、期待、抱负、兴趣等，也就是你思想、意识、情感和记忆的主体，一种被称为"灵魂"或"自我"的东西。

镜子，不仅让我们看清自己的形貌，而且想起形貌背后的灵魂或自我。

我们忍不住想对镜装扮。只是有些人想装扮他的形貌，而有些人想装扮他的灵魂。不管是装扮自己的形貌或灵魂，我们都因镜子而成为一名演员。

现在终于轮到你在尘世这个舞台登场演出。

如果你想装扮自己的形貌，你可能需要更大的镜子、更多的灯光；但如果你想装扮自己的灵魂，我劝你最好将眼光从手中的镜子挪开，到其他地方去寻找你需要的镜子。

"以铜为镜"不如"以人为镜"。

在这出即将由你担纲演出的人生之戏里，你要演出什么角色，虽然由你自己决定，剧本也有赖你自己去编写，但如果你想要有精彩而漂亮的演出，那你也许应该先参考一下前人的戏码。在古今中外的舞台上，有过多少可歌可泣可感的角色和剧本，它们都可以是你的镜子。

其实，你也是一面镜子。你仿佛"手中青铜镜，照我少年时"。让我想起年轻时候的自己，想起自己曾经有过的梦想、彷徨、执着与猜疑。"风云入世多，日月掷人急；如何一少年，忽忽已三十？"听到你对镜猜疑的心声，让我兴起无限的感慨。

在你即将登场演出的时候，我这个过来人也许可以提供一些镜子——一些我觉得不错的角色和剧本，不是要你照单全收，依样画葫芦，而是从中筛选适合装扮你灵魂的颜料，撷取编写你演出剧本的灵感。

W 上

寻找英雄的剧本

M：

在尘世舞台的众多戏码中，我准备提供给你的是英雄的剧本。不是因为我认为你适合做英雄，而是因为你年轻。年轻，原本就应该是寻找英雄、追随英雄的时刻。

每个人心目中都有英雄。有的人崇拜微软巨人比尔·盖茨，有的人讴歌摇滚女王麦当娜，有的人心仪电影大师李安。英雄让人羡慕，心想自己如果能像他们，那不知道该有多好！但英雄也让人尴尬，因为觉得自己毕竟差太多。

胡适在二十世纪三十年代，是很多人心目中的英雄。他到处演讲，鼓励年轻人应该依循自己的禀赋和兴趣，开创自己的人生。他的睿智、博学和风采，不知让多少人兴起"有为者亦若是"的雄心。

历史学家唐德刚在译注《胡适口述自传》时，说他曾为此和胡适"抬杠"。唐德刚的意思是：胡适是个大学者、大文豪、大有成就的英雄人物，但这个世界里万分之九千九百九十九的人都是"没有成就"的普通人。如果要劝每一个人都去追随英雄，立志去做李白、毕加索、胡适或爱因斯坦，"那这世界还成个什么世界呢"？

的确，我们绝大多数人终将都只是个平凡人。一个在小出版社工作以终的文字编辑，若想起学生时代如何景仰胡适，可能只会徒增尴尬而已。即使你"幼有神童之誉，少怀大志"，到头来也可能是"长而无闻，终与草木同朽"。寻找英雄、追随英雄，不只是跟自己过不去，而且也不符合社会的需要。就像唐德刚所说，"我们应该教育一个人怎样做个没有成就的普通人"。

也许，我们应该安于做个平凡人，简简单单过日子，不求闻达。但总是有人会觉得不甘心。

其实，览读英雄的剧本，并不是就要你立志当英雄。

因为在这些剧本里，最后成为英雄的人，有百分之九十九在年轻时候，也都只是个普通人。胡适并非从小就立志要当英雄，像你这样的年纪时，他就读于康奈尔大学农学院，一点也不出色。当他在课堂上为苹果的分类问题搞得汗流浃背、丧神败志时，有谁想得到他将来会是个大学者、大文豪？

英雄的剧本比凡人的剧本更吸引人，不只因为英雄有着多彩多姿、波澜壮阔的人生，更因为它告诉我们，生命是柳暗花明、不可预期的，因而让我们能对人生充满憧憬。

虽然每个人也许只有"万分之一"的机会成为英雄，但因为没有人能预知谁将是明日的英雄，我们似乎也不应该在年轻时候，就过早放弃这个希望。

所以，我决定提供给你英雄的剧本，一种成为更高、更好的人的剧本。不是要你当英雄，而是希望你认识在尘世这个舞台上，曾经有人如何装扮他的灵魂、追寻他的自我，而最后成就了跟别人不一样的人生。

W 上

迷宫中的自我

M：

诗人奥登说："我们每一个人终生都带着一面镜子，它就像影子一样独特，且无法摆脱。"

这面"镜子"不只呈现自己，也映照别人，我们每一个人都置身于这样的镜子迷宫中。

日本大导演黑泽明在少年时代，每天清晨一身短打装扮，到剑道场习剑。他揽镜自照，觉得自己"剑眉星目"，是个"悲壮的少年剑客"。但在昔日同学的回忆中，他却是个"皮肤极白""声音如女性般柔和"，让人产生"奇妙的、酸酸甜甜感觉"的素颜白肌之男。

精神分析大师弗洛伊德，年轻的时候揽镜自照，对自己浮现在镜中的影像不甚满意。在写给未婚妻玛莎的情书里，他说："你真的认为我的外表很迷人吗？我个人对这点倒是非常怀疑……自然并未以其仁慈之心在我脸上烙上天才的标志。""每当我遇到一个人时，我知道总有一种难以形容的冲动，使那个人低估了我。"

在镜子的迷宫中，"理想的我"和"现实的我"、"自己眼中的我"和"别人眼中的我"之间，往往存在着不小甚至让人痛苦的差距。

但我想黑泽明即使不是个"悲壮的少年剑客"，到了中年，也已是个无人能否认的"悲壮的中年剑客"；而弗洛伊德到了晚年，更是举世公认的二十世纪伟大"天才"之一，没有人敢"低估"他。

人的可贵是他会反省、他会期盼、会倾听自己"灵魂"或"内在演员"的召唤，而渴望"再造一个理想的我"，然后在"朱颜辞镜"的那一天，在为生命卸妆时，不是哀伤与追悔，而是满意地对着镜子说："你已经在人生的舞台上做了漂亮的演出。"

英国小说家王尔德在《道林·格雷的画像》这部小说里，描述主角格雷肖像的神情、风采甚至容颜，如何随着他在尘世的思想与行为、沉沦与飞扬"与时俱变"，而他的心情也跟着浮沉。

我们必须对自己浮现在镜中的影像负责。不是鼻子有多挺、嘴唇有多薄，而是"自我"所流露出来的神韵和丰采；不是别人认为我们如何，而是我们对自己的观感。

自我乃是未完成之物，每个人都必须从自己和别人所组成的镜子迷宫中，去构筑他的未来；在现实生活中，去追寻、选择、锤炼他的自我理想影像。不必再为"目前的你"或"别人眼中的你"伤神，张开双手，拥抱未来吧！就像乔伊斯在《一个年轻艺术家的肖像》里所说的："喔，欢迎你，生活！我将与经验的实体做第一百万次的交会，在灵魂的熔炉里锤炼那拙朴未凿的自我。"

W 上

摆脱生命的魔咒

M：

在生命的旅途中，当我们还未在灵魂的熔炉里锤炼自我，还在为"我是……"猜疑时，总是有人喜欢提早"断言"我们是怎样的一个人。

爱迪生在八岁时，进入休伦湖唯一的一所小学就读，在读了三个月后，每次考试老是倒数第一名。校长当面对人说："他的头脑痴呆到了极点。"爱迪生一气之下跑回家，不肯再去上学。母亲带着他去找校长，她不相信自己的孩子是低能儿，但校长却"铁口直断"。最后，母亲在激辩无效后，只好带着爱迪生回家，自己教他念书。

这个"低能儿"后来却成为有史以来最伟大的发明家。

马歇尔·费尔特在少年时代到父亲友人所开的店铺学做生意。一日，他父亲来问友人儿子的表现如何。老板说："为了你孩子的前途，我不得不告诉你，马歇尔不够机敏，即使留在我店里一千年，也不可能成为一个像样的商人。你还是把他带回家，教他种田吧！"

但马歇尔没有回家种田，他独自到芝加哥闯天下，后来成为长袖善舞、叱咤风云的商业巨子。

爱因斯坦在慕尼黑高中就读时，除了数学外，其他成绩都不甚理想。他对机械式的教育感到相当痛苦，特别是他父母此时都在意大利的米兰，他渴望离开慕尼黑到米兰去，因而请一位医师开了一张他"必须休养六个月"的证明。他担心学校不会准假，想不到老师说他随时可以离开学校，因为"班上由于你的存在，破坏了学生之间应有的尊严"。

结果，这个被认为"破坏学生尊严"的人，成了二十世纪最伟大的物理学家。

除了热心人士外，还有一些特殊的方法，譬如性向测验和智力测验，则会"科学"地告诉你适合从事什么工作。

加德纳在十三岁时，被满怀期望的父母带到新泽西州的霍博肯市，花了三百美元接受为期一周的详细智力测验和性向测验，希望及早发现他"将来适合做什么"。测验结束，专家告诉他父母说："你们的孩子在各方面都不错，但似乎最擅长抄写书记之类的事物。"父母和加德纳听了，都若有所失。

后来，加德纳在以优异的成绩获得哈佛大学的心理学博士学位后，专研人类的智能问题，反"将"传统的智力测验一"军"，直言它是一种"残暴"的工具。他所提出的"智能七元说"，不仅为僵化的 IQ 论点敲起了丧钟，而且带来了智能观的革命。

在生命的旅途中，当"你是……"的断言从某些人的口中说出时，它们很可能就会成为你生命的魔咒。凡人受其肆虐，为之气馁神伤，而在不知不觉间成了魔咒的祭品；但英雄却"不信邪"，披荆斩棘，为自己开创前程，不只摆脱那些魔咒，而且让它们成为笑柄。

W 上

唤醒沉睡的力量

M：

生命的魔咒不只来自他人，也来自自己。

海伦·凯勒说："我们最可怕的敌人不在怀才不遇，而在我们的踌躇、犹豫。认定自己是这种人，于是便只能成为那样的人。"

一个既盲又聋、又哑的人，能做什么呢？海伦·凯勒在十九个月大时，因为一场大病，成为重度残障者。这种令人绝望的不利生存条件，在童年时代曾经让她自暴自弃，变得任性而蛮横，成为一个"不可救药""没有灵魂"的小暴君。

但从七岁起，在沙利文老师热心与耐心的启迪和教导下，沉睡的力量逐渐苏醒了过来，海伦·凯勒不仅学会了说话、手语、用盲文读写，而且成为全世界第一个盲人大学毕业生。她写过很多书，包括感人的《我的一生》《海伦·凯勒的日记》等，终生为了推动盲聋人士的救助事业而奔走于世界各地，从一个"没有灵魂"的重度残障者变成生机蓬勃、睿智的国际名人，比大多数耳聪目明的人都更有成就、更有活力，也更快乐。

小说家威尔斯称赞她是"美国最了不起的人物"，马克·吐温则将她和拿破仑并誉为"十九世纪的两位杰出人才"。而多数人更认为海伦·凯勒和她的老师沙利文是"奇迹创造者"。

所谓"奇迹"，其实是海伦·凯勒和沙利文都不划地自限（沙利文在五岁时也因眼疾而失去视力，并在救济院度过四年悲惨的岁月，后来动手术才恢复视力），满怀信心地将自己的潜能发挥到极限。

潜能，并不是装在口袋里，你想用就能拿出来用的东西。它是一种沉睡的力量，需要你去唤醒它、开发它。

海伦·凯勒有极为敏锐的嗅觉。她在几英里[①]外就能闻出啤酒酿造厂的味道；只要闻没有叶子的树枝，就能说出树的名字。但这不是她的嗅觉功能生来就超乎常人，而是为了弥补盲聋缺陷，充分开发其嗅觉潜能的结果。

事实上，我们都未充分开发自己的潜能。当然，这不是说潜能是无限的，而是在没有充分开发之前，我们不知道它的极限在哪里。

"我感觉到一种无可言喻的温柔的声音，我吓了一跳。每一片叶子就像话家常似的发出声音。从那次以后，我便常在雨滴如珍珠般自枝叶中流下时，抚摸着树干。这时，我就能感觉到如小精灵般的低笑。"

这是海伦·凯勒抚摸雨后的树干所写出的美丽诗篇。她的故事令人感动，不只因为她唤醒了她沉睡的潜能，更因为在摆脱生命所加诸她的魔咒后，世界在她心中变得如此美好。

造物主对我们每一个人，比起海伦·凯勒不知要优厚多少倍。如果你划地自限，自怨自艾，认为自己就是这种人，那你就真的只能成为这样的人。

W 上

---

①1英里约为1.6千米。

几度峰回路转

M：

虽然你出生得晚，但你应该听过"嬉皮"这种人。

在二十世纪六十年代，世界各地尤其是美国曾出现一大堆蓬头垢面、反战、反对既定社会秩序、吸食大麻、随遇而安、鼓吹自由性爱的嬉皮。有人皱眉、有人拍手，在相互叫骂中，社会纷扰了好几年。

但到了二十世纪七八十年代，有不少嬉皮却摇身一变，成为西装革履、打领带、手提〇〇七皮箱、善于察言观色、好饮美酒与爱用古龙水、歌颂小资生活的商场好手和社会中坚分子，让大家都松了一口气。

为何会如此？答案可能有千百个。其实不必有什么深奥的答案，因为生命本就有出人意表之处，几度峰回路转，人生已产生了一百八十度的大转变。

林语堂曾写过一本《吾国与吾民》，原著是英文，主要是在向西方人介绍中国文化。但年轻时候的林语堂，对中国文化实在是不甚了了。他生长于福建乡下的基督教家庭中（父亲是个牧师），熟习的是《圣经》；大学读的是上海圣约翰大学，专研的是英文。他说他到大学毕业，还没听过孟姜女哭倒万里长城的故事，只知道《圣经》中约书亚的号角曾吹倒巴勒斯坦古都耶利哥城。

但这样一个相当"西化"的青年，日后却成为中国民俗、神话和宗教的热情探讨者和传播者。

领导印度人对抗英国殖民统治，争取独立的甘地，是世人景仰的一位圣雄。我们最常看到他的一张照片是：一个如苦行僧般的老人，裸着棕色上身，围着腰布，跌坐在古老的手工织布机前，怡然自得地织着印度传统的麻布。

但甘地在四十岁以前，却从未看过印度传统的织布机。

有很长一段时间，他甚至对自己身为一个印度人感到羞耻。在叛逆心强的中学时代，他曾背弃自己宗教的素食戒律，和同学偷偷吃肉。他尝试说服自己：印度人之所以变成一个衰弱的民族，就是因为不吃肉。

十六岁时，他不顾宗族要将他"除名"的压力，剃掉了属于自己阶级的发束，身穿黑色西装，足登亮丽皮鞋，胸怀向往西方文明的热忱，只身前往英国留学。他近乎歇斯底里地添购衣帽、学跳舞、拉小提琴、阅读《圣经·新约》，恨不得自己成为一个如假包换的英国绅士。后来，他到了不少印度移民者向往的天堂——南非，当起了人人艳羡的律师，和美丽的妻子过着优裕的生活。

但几度峰回路转，甘地竟回到残败不堪，饱受欺凌、压榨的故乡，重拾被他所厌弃的印度宗教戒律和织布机，领导他的同胞对抗英国的殖民统治，从一个独善其身的个人主义者，蜕变成一个兼善天下的社会运动家。

人不只会变老，也会变好，或者变坏。生命如流水，不只会

流动，水在遇冷时，还会从液体变成固体，遇热时，则从液体变成气体。

除非你的生命是一摊死水，或在原地踏步，否则，没有人能从今日的你预知明日的你。

W 上

永远不会太晚

M：

很多人抱怨，他们不是不想成为一个更高、更好的人，而是在这个讲求时效的时代里，他们起步太晚，一切都已太迟。

如果是和他人从事短时间的竞争，譬如一百米短跑，那起步太晚，可能真的会太迟。但如果是马拉松长跑，起步比别人晚一点，并非胜负的关键。人生的旅途比马拉松不知要长几万倍，特别是你还这样年轻，不管你想做什么，应该都没有"太晚"的问题。

想当一个优秀的医师，要几岁念医学院才不会太晚？施韦泽为了实现他到非洲从事医疗传道的理想，而去念医学院时，已经三十岁。当他做这个决定时，遭到很多亲友的反对，因为他当时已经拥有哲学、神学和音乐三个博士学位，在神学院里当讲师；三十岁才去念漫长而艰辛的医学院，不只太晚，简直就是跟自己过不去。

但施韦泽却义无反顾，在医学院念了八年，通过医师资格考试时，他已经三十八岁。但在随后的岁月里，他对医学、病人和全人类所做出的贡献，却比那些在十五六岁就跳级考上医学院的所谓"资优生"，要多出许多。

想当一个杰出的画家，要几岁开始学画才不会太晚？刘其伟和同事到台北中山堂去参观工程师香洪的画展时，担任台糖工程师的他，在同事半调侃半激励的情况下，兴起了绘画的渴望。于是回家后他就去买纸张和材料，正式提起画笔，开始学作画，当时他已三十八岁。

有了兴趣，再加上勤学，他的画艺进展神速，第二年作品就入选第五届台湾省美展，第三年就举办个人画展。此后，不仅作品连连得奖，更进而成为国内外大专院校艺术系的教授，是台湾颇具代表性的画家之一。他的成就，远比大多数从八岁就开始学画的人要多出许多。

想建立一个跨国企业，要几岁开始着手才不会太晚？克拉克到加州圣伯纳迪诺的麦当劳兄弟店参观，看到他卖给他们的八部拌奶机不停地运转，并亲自尝过他们的汉堡和薯条后，觉得这个生意可以做，于是鼓其三寸不烂之舌，说服胸无大志的麦当劳兄弟和他合作，由他负责在各地开连锁店，将麦当劳推广到全美国。当时克拉克已经五十二岁，不仅年过半百，而且浑身是病，患有糖尿病和关节炎，动过甲状腺手术。

但他却觉得"我还年轻，还会成长，我的心飞得比飞机还高"。而事实就是如此，在五十二岁才起步的事业，到他七十六岁的一九七四年，麦当劳已成为总收益超过十亿美元的跨国大企业。

所谓"晚不晚"，其实是相对的，看你跟谁比。如果是跟音乐神童莫扎特和软件先锋比尔·盖茨比，那你可能是太晚了，但如果是跟施韦泽、刘其伟或克拉克比，那你却一点也不晚。

当然，你也不能因为不会太晚，觉得时间还多得很，就"浊酒三杯沉醉去"，白白糟蹋了宝贵的青春。

W 上

化不可能为可能

M：

　　一个活在三百年前的人，如果能够苏醒过来，那必然会大吃一惊。最让他吃惊的可能是：在他那个时代被认为"根本不可能"的事，现在居然都一一出现在他眼前。

　　人类三百年来最大的进展是科技，我们今天非常熟悉的电灯、电视、汽车、飞机、计算机、手机等，对三百年前的人类来说，根本是"不可能"的。有趣的是，很多科技产品在问世时，也都被当时的很多科学家认为那根本"不可能"，甚至说那只是个"骗局"。

　　当电话发明的消息通过电报传到爱丁堡时，当时知名的物理学家泰特正在爱丁堡，他说："这是骗人的，这种发明在物理学上根本是不可能的。"

　　当爱迪生发明留声机后，法国科学院的一群科学家弄来一部留声机，当场示范。一位以博学闻名的科学家在听后，拉着示范者的衣服，大声骂道："卑鄙的家伙！我们不愿被这种低级的腹语术所欺骗！"

　　很多伟大的发现者或发明家，在尚未成功前，更被认为是"精神有毛病"。齐柏林当年为了制造可以操纵的飞船，待在博登湖畔好几年，他投下庞大的钱财，以惊人的执着，埋头一再实验。

附近的人都说他是一个可怜的妄想病病人，应该住进精神病院。直到有一天，他成功地驾着飞船遨游了，大家才知道原来他不是精神病人，而是一个伟大的发明家。

如果人类一开始就认为我们"不可能"在天上飞，"不可能"看到眼睛看不到的东西，那也就"不可能"有科学及艺术上的种种突破和创新。绝大多数的突破和创新都是在不可能中看到可能性，进而化不可能为可能。

如果你认为"太阳底下没有新鲜事"，重要的想法和事情都被前人想过、做过了，重要的发明、作品、探险都被前人完成了，那么你就不会再有任何挑战、任何需要和任何问题。换句话说，不会再有任何的创新，目前所拥有的一切都是最好的，"不可能"再有比这更好的方法、更好的人生。

因为发现遗传因子 DNA 的双螺旋体结构而荣获诺贝尔医学奖的克里克，在获得这项石破天惊的大发现时，不过是剑桥大学分子生物研究所的博士班学生，他后来在接受访问的时候说："当你踏进科学殿堂时，你就会被人洗脑，他们告诉你要多么小心，科学发现是如何困难，等等。"克里克将此称为"研究生症候群"：一个研究生几乎不敢相信自己能有什么科学发现。但克里克却敢于相信，结果他化不可能为可能。

生命是由无数的可能和不可能所组成，但谁也不知道它们的界线在哪里。从不可能中看到可能性，而且化不可能为可能，既不是骗局，也不是妄想，你应该敢于去相信。

W 上

我有一个梦

M：

"人因梦想而伟大，"美国总统威尔逊说，"所有的成功者都是大梦想家；在冬夜的火堆前，在阴天的雨雾中，梦想着未来。"

当催促你登场演出的锣鼓声在远方响起时，你应该有你的梦想。梦想一个美好的未来，并非奢侈，而是必要。

没有梦想或失去梦想的人生，就好像黑白的影片，看起来平淡，甚至有点阴郁。但一旦你有了梦想，即使是 to dream the impossible dream，to touch the untouchable star，也会让你的人生立刻染上一层瑰丽的色彩。梦想，使人生充满了灿烂的希望。

其实，每一个人都有过梦想。只是有的人能不改初衷、百折不回、勇往直前地去实现它；有的人却轻易妥协，一再修正，而让美梦失真。

现代舞的先驱邓肯，是个不幸的穷家女，但却梦想成为一个伟大的舞蹈家。为了实现梦想，她不畏艰难，十八岁时和母亲从旧金山远赴芝加哥，向无数剧团的经理毛遂自荐，但却遭到无情的冷落和拒绝，虽然盘缠用尽，连外祖母遗留的首饰也典当了，连续一个礼拜只能靠廉价的西红柿充饥，但她还是不死心。

二十一岁时，为了到欧洲寻求更好的演出机会，她和家人与数百只被关在笼子里的牛搭乘运牛船前往英国。初抵伦敦时，经常因付不起旅馆费而睡在公园的冷板凳上，每天只吃一便士的小饼。但她对此均甘之如饴，因为饥饿和她的梦想比起来，根本不算什么。

就是这样的"饿其体肤，空乏其身；动心忍性，增益其所不能"，最后才使她的美梦成真。

每个人都有梦想，只是有的人梦想越变越大，有的人梦想却越变越小，而终至消逝于无形。

IBM 的第一任总裁托马斯·沃森，幼年生活穷困，有一天在泥泞的路旁看见某个大老板驾马车经过，他梦想将来也要能拥有自己的马车和马。而在当时，推销是致富之道，为了实现梦想，他去当推销员，而且矢志要成为一流的推销员。由于表现优异，他的第一任老板立刻借给他一辆马车。

后来他当收款机的推销员，到一位律师的豪华宅邸做客，他又梦想自己将来能拥有一栋豪华住宅。他的梦想越变越大，也激励他越来越努力工作，最后终于成为 IBM 公司的总裁，远远超乎他原先的梦想。

世界上只有两种人：一种人是乐于提起自己有什么梦想，以及如何让美梦成真。一种人则说自己没有什么梦想，说他们并不渴望成功，也从未曾想过要出类拔萃，他们宁可做个平凡的人。但这多半是自欺欺人，因为他们一事无成，羞于提起自己曾经有过的梦想，最后只好忘怀或否定它们。

你必须有梦想，而且必须相信自己的梦想。就像威尔逊所说：

"有些人坐让梦想悄然绝灭，有些人则细心培育、维护，直到它安然度过困境，带来阳光和光明；而阳光和光明总是降临在那些真诚相信梦想一定会成真的人身上。"

W 上

地集

登舟望春月

生命的意义在哪里？

M：

"昨夜西风凋碧树，独上高楼，望尽天涯路。"这是民国初年的国学大师王国维所说人生必经的第一个境界。

像一个准备踏上人生征途的旅人，你登高远眺，心中充满了憧憬，觉得路是无限的宽广、非常的多样，生命似乎有着无尽的许诺。但你也有几许彷徨，因为你不知道哪一条路最能彰显你生命的意义。

自我的追寻含有许多层面，包括精神的、物质的、超越的、世俗的诸层面。你说你最在意的是生命意义的追寻，你想先确立你生命的意义。

意义，是灵魂的目标，就像法国哲人蒙田所说："灵魂若没有目标，它就会丧失自己。"没有意义的人生，就像没有罗盘的航行，将失去它的意义。

当你以意义来衡量摆在你眼前的道路时，你感到迷惘，因为不管是做个开药动刀的医师、铺桥造路的工程师、申诉辩护的律师、卖计算机的商人还是爬格子的文人，似乎都没有什么高妙精奥的意义。

"生命的意义"是个恼人的问题。自古以来，就不断有人问：

"人活着到底是为了什么呢？""生命的终极意义在哪里呢？"而最喜欢发问和提出解答的是哲学家，因为意义一向被认为是哲学的范畴。

黑格尔是个伟大的哲学家。他在四十一岁时，高兴地写信给他的友人说："我终于达成了我在这个尘世的目的。因为人活在世上，只要有了职业和妻子，就万事皆足了。这两件事是我们做人应有的主要目标，其余不过是枝节罢了。"

他在写这封信前不久，刚和一位议员的女儿结婚，而且担任一所高等学校的校长。长期为寂寞与孤独所苦的黑格尔，突然觉得生命变得非常有意义，而在私人信函里透露了他的肺腑之言。

一再沉思"生命的意义"，就好像过去学禅的人一再请教得道高僧"祖师西来意"（达摩祖师从印度到中国传播佛法的用意）般，好像必须先弄懂了这个最根本的问题，才能纲举而目张，才愿意踏出下一步。

有人问知名的禅师赵州和尚："什么是祖师西来意？"赵州回答说："庭前柏树子。"对方觉得很失望，因为如此深奥的问题，怎么会是如此简单而荒谬的答案呢？赵州是因为刚好看到眼前的一棵柏树，所以就顺口答说"庭前柏树子"；如果他听到一只小狗在叫，他可能会改口说"小狗在叫"。

"生命的意义"就像"祖师西来意"，没有明确的答案，你无法靠沉思去"发明"你的生命意义，你只能从眼前当下的对象、世俗的工作和人际关系中去"发现"它。

"多么奇妙，我们在这世界竟占有一席之地。我不知道我们

为何要到这个尘世做短暂的过客，但有时感觉到它彷佛有个目的。"爱因斯坦如是透露，但他接着又说，"我总觉得，一个人若是一味在思索穷究人生的一般意义或自身存在的理由，实在是莫大的愚蠢。"

暂时搁置你的哲学思索，到世俗的工作和人际关系中去"发现"你的生命意义吧。就像王国维所说或黑格尔所体验的，有一天，你会发现："众里寻他千百度，蓦然回首，那人却在，灯火阑珊处。"

W 上

一个旅行者的诤言

M：

你说你想去旅行，想到遥远的地方整理一下自己，思考未来的方向，再决定自己该走什么路。

有些事的确该好好思考，而人生方向的选择更不能草率。但要说选择，它其实是一种吊诡。

很多人与其说他们不知道自己想"要"什么，不如说是不知道自己该"放弃"什么。因为"选择"不只意味着"自由"，同时也意味着"限制"。当你"选择"某种东西时，它意味着你势将"放弃"其他所有的东西，它"限制"了你的无限可能性。

有的人觉得世界所有的门都为他开放，他不想太早关闭它们，不想太早做决定，结果就一再逃避或延搁他的选择。而旅行，就是逃避和延搁选择的一种浪漫仪式。

法国小说家纪德，他不只喜欢旅行，而且热烈鼓吹年轻人摆脱一切束缚，追求自由，尝试各种生活和爱，曾被誉为"法国青年的导师"。一九二五年，纪德到法属赤道非洲去旅行，回来后写了有名的《刚果之行》。

赤道非洲的一切，对他来说都是新奇的，任何事他都想去观察、去了解。起先，他显得匆忙而兴奋，不想放弃任何事物。但

后来，在布拉柴维尔城，一个遥远的异乡，他看到了白蚁和它们的巢穴，他说，如果能再世为人，那么为了他的幸福，他愿意"选择"终生心无旁骛地研究白蚁，将心血交付给这种可爱的小动物，成为一个"白蚁专家"，而不要去做什么"法国青年的导师"。

他说："身为一个旅行者，想一切都去关心，那他的时间是不够的。他观察不出什么，因为他不可能一切都去观察。社会学家是快乐的，他只关心民俗；画家是快乐的，他只准备看看地方风景；博物学家是快乐的，他除了昆虫花草之外，什么都不管。专家是快乐的，他的一切时间都是为了他那狭隘的领域。"

也许你觉得做个白蚁专家是志小而气短，但纪德并不是劝我们做个眼光狭隘的人，他注意到，如果我们什么都舍不得放弃，那眼光就会变得"空泛而不定"，看什么东西都只有浮光掠影的印象，难以深刻；同样，如果我们什么事都想做，什么事都舍不得放弃，那就会变成"样样通却样样松"，最后可能一事无成。

人生看似有无限可能，但我们唯有在无限可能中选择自己的有限性，在一块狭小的土地上心无旁骛地耕耘，才能有所成果。这也是纪德浪荡了大半辈子后，所理解的人生和幸福。

也许你有很多雄心壮志，各种不同的梦想，但你不可能同时实现它们，即使你去旅行，归来之后，你也只能选择其一。

就像随风飘荡的蒲公英种子，看似在这里也可以栖息，在那里也可以生根，但它终究还是要飘落在一块狭小而固定的土地上，才能生根、开花、结果。

W 上

何来错误的第一步？

M：

你说你不是在逃避选择，而是怕走错路，怕踏出错误的第一步；怕一着错，就全盘皆输。

的确，人生南北多歧路，我们很可能会走错路，而必须慎乎始。

但所谓"选错科系进错行"或"走错路"，往往是你走到路的终点时，发现自己一事无成，才懊悔自己当初"走错"了。事实上，条条大路通罗马，每一条路都有人走得非常成功；路本身没有"错"，问题是你怎么个走法。

李远哲当初要上大学时，放弃了多少人梦寐以求的"保送台大医科"这条黄金大道，而选择台大化工系；大一时，又因看到化学馆在晚上仍灯火通明，觉得化学系有浓厚的研究风气，又毅然转到化学系。这样的选择，跟多数人背道而驰，也让他父亲捏一把冷汗。

但今天，大家都说李远哲走"对"了路。因为他以其杰出的成就向世人证明，一条原本被视为"不智"或"错误"的路，也可以变成"非常明智""非常正确"的路。

二十世纪的哲学大师维特根斯坦，也不是一开始就选择哲学这条路。他在德国读的是机械工程，十九岁到英国专攻航空学，热衷于飞机喷射反应推进器的设计。因为此项工作涉及纯数学的

问题，而使他对数学的哲学发生兴趣，竟至于放弃航空工程，选择到剑桥大学改读哲学。

但在研究哲学两年后，他忽然跑到挪威，自己在乡间盖了一间茅屋，成为隐士。第一次世界大战爆发，隐士变成了战士，他自告奋勇地回到奥地利，加入陆军当志愿兵，转战各地四年，最后被敌军俘虏，成为囚犯。

战后，他又向往当个小学教师，而选择进入师范学院就读，然后在乡下教了好几年书，直到四十岁，才又回到剑桥大学，继续他未完成的哲学学业。

今天，也没有人敢说维特根斯坦如此迂回的人生抉择是危险的，是在蹉跎时光，因为没有几个哲学家能有像他那样辉煌的哲学成就。

这不只是"以成败论英雄"，而且是"以成败论对错"——除了作奸犯科外，没有一条路在起点处就标明着"对"或"错"，它是你这个"行人"和其他"路人"在后来才标上的。

当然，在为自己的人生做选择时，我们应仔细考虑各种因素，但你不必为是否踏出错误的第一步而担心，而踌躇不前。因为第一步以后还有第二步、第三步……每一次的选择虽然都是唯一的，但你不是一生只能做一次选择。

在人生的旅途上，我们因"系列性的选择"而产生"系列性的自我"。重要的不是你今天做了什么选择，而是你今后为你的选择做了什么。

W 上

船长与战士

M：

　　哲学家祁克果说："一个船长在出海之前，就已了解他的整个航程；但一个战士只有到了远方海上，才能获得命令。"

　　"船长"与"战士"，是人生航程中两种不同的角色。

　　有的人像"船长"，他们在生命扬帆出航时，就已经有了一个明确的目的地，一张清楚的生命航图，知道自己将驶往何方。只要他按图索骥，通常就能抵达那许诺之地。

　　巴赫就是这样的一名"船长"。为了慎重，我们最好说出他的全名——约翰·塞巴斯蒂安·巴赫。因为从他的曾曾祖父怀特·巴赫到他这一代，在巴赫家族的三十三个成员中，有二十七个都是音乐家。

　　巴赫的父亲是巴洛克音乐的集大成者，伯父和大哥也都是教堂的风琴师。巴赫似乎天生就注定要当一个音乐家，他一出生，一张明确的"生命航图"就在那里等着他。

　　由于家学渊源，耳濡目染，音乐很自然地成为他的选择，个人的天分再加上后天的努力，他终于成为西方音乐史上一位伟大的作曲家。

　　但有些人却像"战士"，他虽然乘船出海，却四处漂泊，直

到有一天，在遥远的地方，看到一个景色宜人的港口，才知道上帝原来要他在那里落脚。

武侠小说泰斗金庸，虽然在八九岁时，就因阅读《荒江女侠》等书而成为武侠小说迷，但在三十岁以前，他想都没有想过要写什么武侠小说，他年轻时代的梦想是要当外交官。

为了实现梦想，在抗战后期，他如愿考上重庆的"中央政治学校"（现在台湾政治大学前身）的外交系，但因在校打抱不平，而被勒令退学。抗战胜利后，他再进入东吴法学院修国际法，还是想走外交的路。

后来因时局混乱，他才进入报社，由《东南日报》而到《大公报》，由上海而到香港。直到他三十一岁时，因为香港人兴起一股武侠热，他在报刊总编辑的劝诱下，才动笔写《书剑恩仇录》。在此之前，他虽写过一些国际评论、随笔、电影剧本等，但却从未写过小说。

想不到《书剑恩仇录》一炮而红，他欲罢不能，一写再写，"人在江湖，身不由己"，竟至成为出乎他预料的武侠小说泰斗。

多数人也许喜欢当"船长"，因为那表示他的人生是可以预期的、安稳的。重要的是在出航之前，他如何选择一张正确的航行图。但事实上，很少人能做个"完全船长"，不必对他手上的航行图做任何修正。

"战士"的人生则是不可逆料的、漂泊的。但也正因为这种不可逆料性，而使生命充满"山重水复疑无路，柳暗花明又一村"的惊喜。

如果一切都已在预料之中，那人生还有什么乐趣呢？

W 上

倾听自己生命的鼓声

M：

虽然我在前几封信里说，我们应该敢于梦想，挣脱不必要的束缚，勇于开拓自己的人生，但这只是生命的部分故事。

所谓"梦想"并不是你想成为什么，就能成为什么；而所谓"选择"，也不是在真空管里做选择。生命的可能性并非无限，如果李远哲梦想成为一个音乐家，而巴赫梦想成为一个科学家，那么李远哲是否能成为"另一个巴赫"，巴赫是否能成为"另一个李远哲"，是有相当疑问的。

希腊先哲苏格拉底说："认识你自己。"在"成为你自己"之前，应该先"认识你自己"，认识自己的根性或材质，禀赋或兴趣。

一个人的生涯抉择如果能符合自己的禀赋和兴趣，那他几乎已拥有人生一半的幸福。因为禀赋，使他在那个领域里比别人有更敏锐的吸收和学习力；而兴趣，使他比别人愿意花更多的时间在那件工作上；这样很可能就会比别人有更杰出的表现。即使将来不是很出色，工作本身也是一种取悦自我的娱乐。

像巴赫，也许很容易从他的家族史知道他天生具有音乐细胞，但更多的人却难以窥知自己的细胞里含有什么禀赋，因为禀赋只是一种有待开发的潜能，而一个家族可能好几代都未曾开发过这种潜能。

也许你不知道自己有什么禀赋，但你总该知道自己对什么有兴趣。禀赋和兴趣经常互为表里。一个人如果对某种东西有特别的兴趣，那表示他对它有特别的感受力或理解力，而这可能就是一种禀赋。

生产汽、机车的"本田技研工业株式会社"创始人本田宗一郎，在小学三年级时，第一次看到轿车出现在他所住的乡间，听到那砰砰作响的引擎声，即深受"感动"，而汽车排放出来的汽油味，更令他"陶醉"。他说他当时就发现了他终生最大的兴趣——汽车，并决定将来要做跟汽车有关的工作。一个人能为引擎声"感动"、为汽油味"陶醉"，应该就是一种禀赋。

这样的兴趣，使他在汽车修理厂当学徒时，津津有味地读遍厂里所有有关汽车的书刊，成天沾满油污地辛勤学习、工作，但却一点也不觉得累、不觉得苦，反而甘之如饴。而对汽车有特别感受力和理解力的他，后来更从修理汽车、制造汽车零件、制造整部汽车到把汽车卖到全世界。汽车是他的最爱，他希望生产出让自己满意的车子，也希望大家能爱用这种车子。

不管你将来选择修理汽车、制造汽车、驾驶汽车或者卖汽车，你都必须先对汽车有兴趣。

就像人不能"发明"生命意义，而只能"发现"生命意义般，我们不能躲在家里，靠思想"发明"兴趣，而必须从各种实际的接触中去"发现"它。当你发现它时，就像本田宗一郎发现汽车，你的内心深处就会响起一阵"鼓声"，召唤你、催促你前进。

W 上

骆驼与狮子

M：

在自我追寻的过程中，我们常需经历哲学家尼采所说"精神三变"中的骆驼与狮子这两种角色。

开始时，我们像一只温驯的骆驼，在权威人士"你应如何如何"的训诫下，深自谦抑地跪下来，背负重担，准备横越无垠的沙漠。但在途中，有些人从温驯的骆驼蜕变成勇猛的狮子，他要做自己的主人，而向权威人士说"不"；他要为自己创造自由，只听从自己内在的声音，"我要如何如何"。

在一九九一年海湾战争中扬名立万的鲍威尔将军，当时任美国国防部三军参谋首长联席会议主席，是美国官阶最高的伟大"战士"，更是尼采所说由骆驼蜕变成狮子的典范。

鲍威尔并非西点或维吉尼亚军校科班出身，而且还是个黑人，可以说是美国军界的一个异数。他的自我追寻历程，也是相当曲折的：

鲍威尔出生于纽约哈林区，父母是来自牙买加的移民。虽然他在读中小学时，成绩就老是垫底，但父母却说："你应该好好读书。"因为他们认为读书是出人头地的唯一途径。

高中毕业后，母亲对他说："你应该念机械系。"因为他母亲认为机械系是会赚钱的科系，他以母亲的志愿为志愿，进入纽约市立学院机械系就读。

但对数学和自然科学一向非常头大的他，念了一学期，就如坐针毡，只好转到地质系（因为他的地理成绩不错）。这个举动当然令父母非常失望，因为他们不知道地质系"将来能做什么"，但事到如今，也没有办法。

大二时，他选了预备军官训练班的课程，参加步枪仪队，在这个讲求纪律的社团里，他如鱼得水，生平第一次感受到兄弟的情谊，而且很快就成为领袖人物。大学毕业后，鲍威尔到陆军服兵役。服役期间，他表现杰出，从伞兵游击队队员做到美国驻西德第三装甲师的连指挥官。

三年役期结束，他面临着重大抉择：是要"继续当兵"还是像其他地质系毕业生那样"到俄克拉荷马州探钻石油"？父母的意思是"你应去探钻石油"，但这次鲍威尔却说："我要继续当兵！"因为他发现做个军人实在是他的志趣所在，也是他的专长。

这个决定当然令他父母大吃一惊，也大感失望。但事后证明，投身军旅的鲍威尔终于光宗耀祖，获得了远远超乎父母期望的成就。

鲍威尔的生涯追寻，相信很多年轻人也都能感同身受。望子成龙的父母一再告诫"你应如何如何"，结果使很多人糊里糊涂地被推往一条自己不太喜欢也不太擅长，甚至痛苦的路上去。

不过鲍威尔最后听从了自己"生命的鼓声"，走自己要走的

路，这个决定改变了他的一生。也许你现在只是一只温驯的骆驼，但迟早你必须从温驯的骆驼蜕变成勇猛的狮子，像鲍威尔，听从自己生命的鼓声，成为你自己。

W 上

勇于向未知挑战

M：

如果你期待你的生命是一个有待开拓的未知领域，那么你就需要先具备冒险的精神。

多数人都宁可在已知的领域里，用已知的方式过已知的生活，而不喜欢未知、不喜欢冒险，因为"未知"代表了"不测"。但如果不是有无畏的冒险家，人类即使发现了火，也不敢使用；建造了帆船，也不敢出海；做了飞机，也不敢试飞。缺乏冒险精神，人类可能还躲在山洞里茹毛饮血。

冒险，并不单指去试飞飞机或攀登珠穆朗玛峰这种具有生命危险的活动。在人生旅程、生涯追寻及学术研究方面，只要你走的是跟多数人不一样、具有开创性的路，踏进的是未知的领域，也都是一种冒险，需要冒险精神。

发现新大陆的哥伦布是冒险家，发现天体运动定律的牛顿也是冒险家，就像华兹华斯所说，牛顿是"物理学界的哥伦布，孤独地航行在陌生的海洋中"。古今中外的大有为者都是冒险家，他们不是冒身家性命的险、冒前功尽弃的险，就是冒被人讪笑的险、冒受人排挤的险。

玛格丽特·米德就是一个具有冒险精神的人类学家。当她就读于哥伦比亚大学研究所时，当时美国的人类学家，绝大多数都

选择美国本土的印第安人作为田野调查的对象，因为这是既安全又方便的途径。但米德却想去研究南太平洋的波利尼西亚人。因为她认为印第安人多少已受到白人文化的熏染，她要到远方研究"更原始"的民族。

冒险的行动总是会遭人劝阻。米德的指导教授鲍亚士就非常反对，他认为一个女孩子只身前往万里之外的蛮荒之地太危险了，他念了一段《献给在海外工作而死的年轻人》的祈祷文给米德听，希望她打消念头。她的另一位老师夏比尔更主张系里无论如何都要强迫米德放弃她那不切实际的梦想，因为他认为米德会"不能适应，无法活着回来"。

但一个具有冒险精神的人总是义无反顾。米德展露她无畏的和旺盛的企图心，坚持不退让。一九二五年夏天，二十三岁的米德独自坐船前往萨摩亚。结果，这次充满开拓性的异文化之旅，不仅丰富了米德个人的生活，而且以《萨摩亚的新纪元》一书提早奠定了她在人类学界的地位。

冒险，不是投机取巧，更不是暴虎冯河。米德在前往萨摩亚之前，早已搜集、研读了大量有关波利尼西亚人的文献。而像莱特兄弟，在一九〇三年试飞他们自制的"猫头鹰号"动力飞机前，也已分析了过去所有飞行冒险家的缺失，并对动力飞机做了无数的改良，才能从险中求胜。

但不管你准备多周全，你都必须真的将它付诸行动。冒险精神，其实是一种勇于向未知挑战的行动能力，只有行动，你未来的人生才是真正的"未知"。

W 上

人生因浪漫而传奇

M：

你想过一种具有传奇色彩的生活吗？

生命要成为一则传奇，除了要具备冒险的精神外，还需要有浪漫的情怀——对神秘的渴望、对平庸的反抗、感情的恣纵、带点傻劲的理想主义，以及一点点的非理性。

浪漫，并非都是诗情画意的。俄罗斯前总统叶利钦读大学时，在大一的暑假决定展开一次周游俄罗斯的旅行。虽然身上连一个卢布也没有，但他还是只带着几件衣服、一顶草帽和一颗炽热的心就愉快地出发了。

没钱坐车，他就跟很多遇到大赦而返家的囚犯，坐在火车车厢的车顶或卡车的顶棚上。没钱住旅馆，他就躺在火车站或公园的椅子上过夜。每到一个大城市，他总是先游览个一两天，然后做打杂工，甚至当家教，赚一些盘缠。在如此这般旅行两个月回来后，他一身褴褛，运动鞋鞋底磨穿了，草帽稀烂了，运动裤薄得都快透明了。

旅行的品质并不浪漫，浪漫的是他的心情。在旅行途中和归来后，叶利钦的心中感到无比的充实和愉悦，因为他不仅进入了他向往已久的莫斯科、圣彼得堡、基辅、明斯克等大城市，也生

平第一次看到了大海，饱览了壮丽的山河，而且见识了各式各样的人和事，让他眼界大开。

二十世纪的"未来学家"托夫勒，他所著的《未来的冲击》《第三波》和《大未来》三本书，根据一大堆的事实和数据来推测人类社会的未来，行文之间流露出浓厚的理性主义色彩，但他本人却是一个如假包换的浪漫主义者和传奇性人物。

他生平所做最"传奇"也最"浪漫"的一件事是在读大学时辍学到工厂里当工人，而且一做就是五年，从事过各种工作，包括钢铁铸造厂技工、汽车装配厂金属焊工、脚踏车厂漆工，操作过挤压机，驾驶过堆高机，修理过货车、输送带等，这些都是躲在冷气房里上课的大学生难以想象的。

托夫勒后来说，他会这样做，主要来自下面几个动机：一是他的女朋友在工厂工作，他想跟她有同样的经验；二是他想离开家庭，自立更生；三是他想先去见见世面；四是他当时热衷于马克思主义，希望进入工厂协助工人组织起来；五是他想写一本描述劳动阶级生活的伟大小说，他所钦佩的小说家斯坦贝克曾当过采葡萄工人，杰克·伦敦曾当过船员。

工作本身并不浪漫，浪漫的是他的动机。一个人为了获得文学奖而写出讴歌爱情的诗篇，这是精明，不是浪漫；但一个人为了爱情与理想而走进工厂，这是浪漫，不是愚蠢。

W 上

生命因付出而充实

M：

我们是因为生活空虚才觉得生命没有意义，还是因为生命没有意义才感到生活空虚？这要看你如何定义"空虚"和"意义"。

"空虚"有两种：一是物理上的空虚，譬如物质生活的匮乏、没有人做伴等；二是心理上的空虚，譬如心里觉得无聊、单调、苦闷等。

"意义"也有两种：一是在工作或人际关系中，我们因获得所产生的意义；二是在工作或人际关系中，我们因付出所产生的意义。

南丁格尔生来就是英国富家的千金小姐，住的是豪门巨宅，穿的是锦衣，吃的是玉食。从少女时代开始，她就在伦敦的社交圈崭露头角，周旋于王公贵妇、才子佳人之间；兴致来了，还会驾着六头马车周游欧洲。不只在英国，连在法国和意大利，她都是一个受人欢迎与注目的社交界红人。

在物质方面，她相当富足，但在日记里，她却一再感叹："唉，多么厌烦无聊的日子！"有着严重的心灵空虚。她感到空虚，因为她看不到这样的生活有什么意义。而生命没有意义则是因为她只有获得，却从未付出，她连一份工作都没有，不必为社会、为任何人做任何事。

在十七岁时，她说她听到"上帝的召唤"，上帝要她当"祂的使者"。但直到二十四岁，她才领悟上帝要她"付出"，去服务病人。当她决定要去当一名照顾病人的护士时，父母强烈反对，禁止她提起"护士这个可耻的字眼"，但南丁格尔心意已决，她到欧洲各地调查医院的实情，了解病人的需要，接受护士的训练，洗尽铅华，在三十三岁时，成为伦敦一家医院的护士长。

翌年，克里米亚战争爆发，南丁格尔带着三十八名护士远渡重洋，到战地医院去照顾伤员，不眠不休地付出她的关怀和爱心，赢得了"提灯女郎"与"克里米亚天使"的美誉。

对某些人来说，南丁格尔的青春是相当绚烂的。但在成为一名辛劳工作的护士后，她在给父亲的信里说："我的青春，那个充满失望、不成熟的青春，终于结束了。我为它的永不复返，感到喜悦。"她的付出使她找到了她的生命意义，她付出得越多，生活就越充实。

有句名言说："凡去寻找自己生命的人必将失去它。"这是生命中的一个吊诡。一个人若太专注于自我，只想获得而不想付出，那他就会失去自我；一个出发去追寻自我的人，往往也是开始失去自我的人。唯有忘掉自我，以"全部的我"去对"外在于我"的人或事做反应，我们才能拥有一个"自我"，而我们真正的唯一性及生命的意义也才能浮现。

祝福你能找到你的"自我"和"生命意义"。

W 上

雷集

吴钩霜雪明

登大山需要向导

M：

人生好比爬山，只是有的人爬小山，有的人爬大山。

如果你选择爬小山，那可能不需什么准备，只要一双舒适的鞋子，一罐清凉的白水，就可以随兴之所至地上路。但如果你选择爬大山，甚至想去征服巅峰，那除了需要有相当的体力和耐力、充分的行前准备外，可能还需要一两名向导。

向导，是个老手，他为你指出或描述高山上各种瑰丽奇景，让你对登上巅峰产生憧憬；他为你传授登山的各种技巧和诀窍；他熟知你想爬的大山的地形和天候变化、沿途出没的野兽，告诉你如何趋吉避凶、顺利攻坚等。

大多数爬上"人生大山"的人，在年轻时代都有这样的登山向导。

有的人是从周遭环境中找到他的向导。

知名的日本导演黑泽明在年轻时代，考进 PCL 制片场，当助理导演时，在资深导演山本嘉次郎手下学习。山本不只是他的恩师，更是让他由一个懵懂青年蜕变成世界级导演过程中的登山向导。黑泽明说，山本让他看到了"一座大山"，"开始受到山巅上微风的吹拂"。他从山本处学到的"比一座山还多"，不只是导演的实务，还包括剧本写作、剪辑、配音等。在山本手下四年的学习，"我有一种要一口气爬上极陡的坡路的感觉"。

有的人则从书本上发现他的人生向导。

引导李远哲去攀爬科学大山的是居里夫人，而其因缘则是受到《居里夫人传》这本书的启迪。李远哲说，在高中时代读了这本书后，"居里夫人勤劳不懈、热爱生命的高贵情操和理想主义，都深深地感动了我，也为我的生命旅程照亮了一条光明大道，我迷惑、彷徨的心灵也因此获得解答。她美丽的、充满理想与热爱人类的科学生涯，是我一生中最大的启示与追求的目标"。

虽然李远哲没有亲身接受居里夫人的指导，但我们从李远哲日后的表现不难看出，居里夫人确实是他一生中最大的启示与引导者。

人生需要向导，而一个理想的向导是要让我们对攀登大山产生憧憬，激发我们"有为者亦若是"的雄心，能引导我们但又不是要我们只做他"影子"的人。

黑泽明曾特别提起，山本并不会将其个人的偏好强加在他身上。譬如有一次，山本要他为《藤十郎之恋》配音，看完试映后，山本要他"重来"，但却不说缺点在哪里。他只好通宵熬夜，凭着自己的感觉一遍又一遍地去改正。第二天重新试片，山本只轻描淡写地说声"可以了"。原本觉得受到冷漠待遇的黑泽明，事后则对山本充满了感激，因为山本并不想让黑泽明做"他的影子"，而是要引导他成为"真正的黑泽明"。

在年轻时如果能有一两个这样的向导，将会减少我们的迷惑

和彷徨，而且省去很多冤枉路。如果你还在迷惑、彷徨，还在山脚下徘徊，那可能是你还没有找到一个理想的向导。年纪、知识、阅历比你高的人，特别是你的老师、同行先辈等，都可能是你潜在的向导。如果你觉得周遭缺乏理想的向导，那不妨多读些传记，到古今中外的人杰中去找寻。

W 上

主动出击的精神

M：

　　即使你有幸遇到好向导或好老师，但他们也只能从旁引导你，而无法替你实现梦想。要实现梦想，仍有赖于自己主动的摸索与学习。

　　王永庆是台湾的杰出企业家之一，但他的杰出并非因为有什么"好向导"或"好老师"教他如何做生意，他的成功主要是来自他自己主动的摸索和学习。

　　他小学毕业后，即到米店当小工，十六岁时，靠父亲四处张罗借来的一点钱，在嘉义开了一家米店。刚开张时，生意非常难做，因为多数家庭都有他们固定光顾的老米店，新米店很难找到新客户。为了克服困境，王永庆除了提升自己贩卖米的质量、延长营业时间外，还对顾客提供主动的服务。

　　当时的家庭都是在米缸没了米才到米店买米，而米店老板通常是安坐家中，等着顾客上门。但王永庆却化被动为主动，当顾客上门时，他就主动说他要将米送到顾客家中。在将米送到顾客家中，倒进米缸后，他就拿出记事簿，记下这户人家米缸的大小，并询问顾客一家有几口、每个人每餐吃几碗饭、一天的用米量大概是多少等问题。然后再对顾客说："下次不必劳烦您到我店里买

米了，我会主动送过来。"

在有了这些资料后，王永庆即估算出这次所送米量大概多久会用完。而在顾客米缸里的米快用完前两三天，他就真的主动把米送到顾客家中。这种主动服务的方式，很受顾客欢迎，在一传十、十传百后，顾客越来越多，不到一两年，米店的营业额就增长了十几倍，并因扩大而设置了碾米厂。

后来他虽改行做其他生意，而且越做越大，但万变不离其宗，这种主动出击、主动服务的精神，可以说是他事业成功的关键。

爱迪生这位发明大王，在上了三个月的学后，就因被老师认为"头脑痴呆到了极点"而退学，除了母亲短期的教导外，他完全靠自己主动自修苦学。十六岁时，凭着自学得来的电报技术，像滚动的石头，在大城小镇简陋的电信间或铁路车站做"流浪电报师"。

二十岁时，他无意中在旧书摊发现法拉第所著上下册的有关电气工学实验研究的两本旧书，他如获至宝。法拉第几乎没有受过学校教育，完全是独力自修苦学，而在电学方面带来很多惊人的发现。爱迪生将法拉第视为他的人生向导，不仅废寝忘食地自修苦读，而且以仅有的钱去购买旧器材，亲手去做法拉第书上所提到的每一个实验。

爱迪生日后大部分的发明，也都是来自这种主动的摸索、学习和实验。我们说"要相信梦想一定会成真""命运就掌握在自己手中"，这不只是口号或信念而已，不是站在那里张开双手，像守株待兔的农夫等待兔子上门，而是要将之化为积极的行动，自己主动去寻找兔子，这样才能抓到更多的兔子，而且抓到的兔子看起来也会比较大、比较可爱。

W 上

苹果的滋味

M：

有人说，你只要咬一口，就知道一颗苹果是好苹果还是烂苹果。但如果苹果是你梦寐以求的水果，那可能需要多咬几口，再决定是否放弃。

对于生涯的追寻，我们需要的正是这种态度。

台中东海大学的路思义教堂、香港的中国银行大厦、巴黎的卢浮宫拿破仑广场和黎榭里殿等建筑杰作，都出自知名的华裔建筑师贝聿铭之手。建筑，是贝聿铭的禀赋和兴趣所在，也是他的梦想。

贝聿铭在就读于上海青年会中学时，即迷上当时正在兴建的二十六层的国际饭店，还画了一张令他叔叔佩服与惊讶的轮廓图。贝聿铭后来回忆说："（当时）我对高层建筑物的概念着了迷，它带给我的兴奋如同今日年轻人看待登陆月球般，我决定这就是我所要做的。"而他在十七岁时，就远渡重洋，到心向往之的美国宾州大学建筑系就读，开始追寻他的建筑之梦。

但他咬到的却是"一口烂滋味"的苹果。不只是宾大建筑系本身的建筑古老阴暗、授课的教授刻板迂腐，课程更令贝聿铭大失所望，课堂上教的全是古典而过时的巴黎艺术学院派理论，学生必须以炭笔或墨辛苦描绘出精致的透视图，简直是在上美术课。

没多久，他就转学到麻省理工学院，改读工程。

当时麻省理工学院的院长埃默森，很关心来自中国的贝聿铭，他注意到贝聿铭在绘制设计图及建筑方面的天分，苦口婆心地劝他回头再学建筑。在盛情难却之下，贝聿铭才接受他的建议，又转到建筑系。

如果不是院长的慧眼和苦口婆心，当今世上可能会失去一位伟大的建筑师。

喜剧泰斗卓别林是一个天生的演员，五岁时，就因代替母亲登台演出，在观众的热烈掌声中，兴奋、感动得不想下台。舞台表演是他"梦想中的苹果"，而他最先尝到的滋味是甜美的。

但在甜美中却也不时出现令他难受的酸涩，因为并非每次的演出都能获得观众的肯定和掌声，有时甚至还会受到羞辱。在他二十二岁，第一次随剧团到美国演出时，时冷时热、难以捉摸的观众反应令他生起了"离开演艺圈"的念头。

他计划和剧团里一位来自得州的荡秋千演员，合伙到阿肯色州买地养猪。他还特别去买了一本《科学养猪法》来仔细研读，连做梦都梦到猪群。但在读到养猪户要如何为公猪阉割时，那生动的描述令卓别林感到手软，也冷却了他的热情，只好又继续他的演艺生涯。

如果不是《科学养猪法》过分科学的描述，那这个世界可能少了一个不世出的喜剧泰斗，而多了一个寻常的养猪户。

事实上，任何行业都是"苦乐参半"的；而在抵达目的地前，

更需要经过层层考验。即使你的梦想完全符合自己的禀赋和兴趣，但在将它付诸实现的过程中，却也不都是甜美的，因此，千万不可浅尝即止，在遇到酸涩时，最好能耐心地再多咬几口，说不定就能涩尽甘来。

W 上

阶段性任务

M：

人有"系列性的自我"，也有"阶段性的任务"。

日本的医师作家日野原重明，著有《人生四季之美》一书，他以自然界的四季来比喻人生的四个不同阶段，每个阶段各有它不同的色彩、任务和美丽。精神分析学家埃里克森则将人生分成八个阶段，每个阶段都让人面对一种新的情境，产生新的问题，需做出不同的抉择。

其实，"四"或"八"都只是一种粗略的分法。人生，原本就含有好几个阶段，虽然多寡和长短因人而异，但每个阶段都是无由规避的，一个真正想实现自己梦想的人，绝不会躁进，相反，他们会耐心等候，乐于接受每个阶段对其生命的洗礼。

譬如张爱玲，这位即使不是最好，也是相当杰出的中国现代小说家，很早就表现出她对写作的兴趣和才华。她在一篇征文《我的天才梦》里说，她七岁时就写了一部刻画家庭悲剧的小说，八岁时写了一篇类似乌托邦的小说《快乐村》。十四岁时，更写了一部令父亲喜出望外、成名作家都要自叹弗如的章回长篇小说《摩登红楼梦》。

从事小说创作是张爱玲的"天才梦"。但张爱玲在就读于香

港大学时（她原本考上伦敦大学，但因战争爆发，去不成英国，改到香港大学就读），为了学好英文，她毅然割舍了对写作的爱好，在香港大学三年，不仅没写小说，甚至没用中文写过任何东西，连给母亲和姑妈的家书，都用英文写。

为什么如此决然？因为她认为在这个阶段，学好英文是她最重要而且唯一的工作。三年的磨炼，使她的英文一日千里，学业成绩也名列前茅。

也正因为这样，张爱玲日后才能直接用英文写《秧歌》这部小说，让英美人士赞叹，也让其他中国现代小说作家瞠乎其后。

在香港大学三年，虽然暂停写作，但张爱玲对这个殖民地城市，特别是沦陷前后的人间百态，依然了了于心，只是她不急于倾吐。在经过一段时间的酝酿和反刍后，它们都成为她"下一个阶段"精彩之作《倾城之恋》的素材。

罗马不是一天造成的，罗马的雄伟和美丽，乃是由它在每个历史阶段的遗迹积累而成。每个历史阶段的建筑各有其不同的风格和功能，单独来看，也许显得单薄甚至无趣，却都是形成罗马最终之雄伟与美丽的基石。

人生的阶段性亦复如是，每个阶段各有它们的特色与任务。

梦想犹如一场丰盛的宴席，令人神往。但你不必急于赴宴，因为丰盛的宴席通常是在晚上才举行，现在是你人生的早晨，是你为晚上丰盛的宴席准备材料的阶段。

W 上

音乐家与职篮巨星

M：

被誉为二十世纪最佳钢琴曲目诠释者的鲁宾斯坦，像巴赫、莫扎特般，是个音乐神童，三岁时就弹得一手好钢琴。

在他成名后，有一位年轻的淑女在听完他出神入化的演奏后，以崇拜的口吻对他说："我多么希望我的钢琴能够弹得跟你一样好。"

鲁宾斯坦回答说："如果你能一天练琴六到八个小时，并且心无旁骛地苦练许多年，你的愿望可能就会实现。"

即使音乐需要相当的天分，但鲁宾斯坦强调的却是"苦练"，而非"天分"。如果没有苦练，那即使有再高的天分，也难以开花结果。我们常常迷惑于莫扎特、贝多芬等人特殊的天分或禀赋，而忽略了炫丽背后更可贵的苦练。

我想，没有人会否认磨炼的重要性，但很多人可能会认为，要花心血去苦练某种技能之前，必须先衡量投资报酬率，苦练没有什么指望的事情，到头来也许只是白费心血。

这当然有部分的真实性，不过世事往往有出人意表者。

美国职业篮球的超级巨星——芝加哥公牛队的"飞人"迈克·乔丹，他在篮球场上出神入化的"演出"，同样令人叹为观

止，那当然也是运动天分加上无数的苦练所造就出来的。

但有很长一段时间，乔丹并不被认为是个天生的篮球好手。

乔丹在读中学时虽然热衷于篮球，却有个致命的缺点——身材并不高大，九年级时（相当于初中三年级），身高一米七二，在学校的九年级球队里算是矮的，但他以苦练来弥补身高上的不足。在练球时，他总是第一个到场，最后一个离开。回到家里，更是和他哥哥及同伴拼命练习。周末若没有比赛，他就从早到晚练球练个没完。

十年级时，虽然长到一米八，而且球技精湛，但教练还是嫌他矮，只让他当学校代表队的"二军"。乔丹虽为此暗自饮泣，不过他并不气馁，反而更卖力地磨炼自己的球技，在"二军"参赛时，每场球赛的平均得分高达二十八分。就在这一年里，他"忽然"又长高了十一二厘米，因为身高"暴涨"，他才顺利地被选为学校正式代表队的队员。

由于平日的苦练，再加上身高助势，他如虎添翼，被北卡罗莱纳大学篮球队网罗，这为他日后踏上职篮铺好了路。但球队教练看上他的并不是他的天分或身高，而是多年培养出来的勤奋不懈的苦练精神。

如果乔丹要等到自己长得够高，才加紧练习球技，那可能为时已晚。磨炼，绝不是临阵磨枪、临渴掘井。

即使你的资质再好，若没有经过磨炼，也是一块没有什么价值的璞玉。如果你因为自觉在某方面不如人，而且相信勤能补拙，愿意比别人花更多的心血去练习，使它成为一种良好的习惯，那么有一天物换星移，情况变得对自己有利时，这种良好的习惯就能使你脱颖而出。

W 上

机会的两种含义

M：

生命值得期待，不只因为它经常是必然的，有一分耕耘，就有一分收获；更因为它也经常是偶然的，不意出现的机会，使我们的人生能柳暗花明又一村。

机会或偶然确实会像一只"看不见的手"或"突然伸出来的手"，左右我们的人生。

美国报业巨子普利策闯入新闻界，就是来自如下的偶然：在圣路易斯市靠自学取得律师资格的他，因为没有什么顾客，而在某天晚上，到麦肯泰图书馆闲逛，看到两位老先生在下棋，他因一时技痒，不仅多嘴而且还插手其间，使原本落败的一方反败为胜。两位老先生不仅不以为忤，反而对普利策的棋艺大为激赏。结果他的机会来了。

因为这两位老先生正是圣路易斯《西方邮报》的老板，他们邀请普利策到该报担任记者。普利策抓住机会，此后即在报业日渐崭露头角，自行创办并并购多份报纸，而且还设立普利策奖，成为举足轻重、影响深远的新闻界巨人。

但就像巴斯德所说："机会只眷顾有准备的心灵。"我们很难说普利策那天晚上走进麦肯泰图书馆纯属偶然，因为麦肯泰图书馆一向就是他奋发向上、充实自己的地方。而普利策所获得的机会，也没有附赠成功。他是因为靠着锲而不舍、追究真相的精神，写出的第一篇采访稿比其他人都来得正确而详细，才令两位报业老板和总编辑刮目相看的。

机会虽然眷顾有准备的心灵，但如果普利策在两位报业老板邀请他时，因舍不得自己好不容易才取得的律师资格（虽然门可罗雀）而有所犹豫，那也就没有后来的普利策了。

所以，"机会也眷顾无所羁绊的心灵"。当别人给你或自己发现机会时，你必须当机立断，割舍不必要的牵绊，跳出僵化的窠臼，抓住那个机会，尽情挥洒，才能获得成功。

比尔·盖茨在创立微软公司时，只有十九岁，当时还是哈佛大学的学生。他凭着自己杰出的能力和独到的眼光，看出未来计算机发展的契机，而且认为这个机会可能稍纵即逝，所以他毅然放弃学业，跳出"毕业再创业"的窠臼，拥抱未来，而在短短的几年间，成为信息业的巨人。

有"华人比尔·盖茨"之称的杨致远，在创立雅虎网络信息检索服务公司时，也只有二十六岁，仍在斯坦福大学攻读博士学位。在"鱼与熊掌不可兼得"的情况下，他同样抓住机会，放弃即将到手的博士学位，而全心投入雅虎的工作，结果一鸣惊人。

机会什么时候会降临在你身上，谁也不知道，但在机会来临之前，你应该了解它的两种含义：机会眷顾有准备的心灵，但机会也眷顾无所羁绊的心灵。

W 上

快速的真谛

M:

　　当我年轻时，常听人说："我要在三十岁前赚第一个一百万。"但现在听到的是："我要在三十岁前赚第一个一千万。"这不只是货币贬值的问题，而是有越来越多的人，渴望以更短的时间去实现他人生的阶段性目标，包括赚钱、成名、获得学位或发现伟大的真理等。

　　快速，当然有其诱人之处，像前面所说的比尔·盖茨和杨致远，都属于快速成功型的，但那毕竟是凤毛麟角，更多追求快速的人，不是铤而走险，就是流于草率、浅尝辄止、缺乏耐性；一看风头不对，就见风转舵；结果反而欲速则不达。虽然有人看似成功了，但快速地成功，却也快速地失败、销声匿迹和被淘汰，经不起时间的考验。

　　单凭快速，绝不足以成事。日本的企业巨子松下幸之助，曾提到一次令他印象非常深刻的经历：

　　有一次，美国的一家周刊杂志要登他的一张照片，请了一位特约摄影师帮他拍照。松下依约定的时间到摄影棚时，想不到特约摄影师和他的助手早在一个半钟头之前就抵达了，先研究摄影棚和做好各种准备，准备工作之周全，令他非常吃惊。而更令他吃惊的是，杂志只要登一张照片而已，但那位摄影师却一下子换背景、一下子换角度、一下子拍黑白、一下子拍彩色，一共拍了一百二三十张，足足花了一个多钟头。

松下幸之助说，那位摄影师"平均一分钟拍两三张，动作之快，简直无法形容"。登在杂志上的那张松下照片相当完美，但它的完美不是来自摄影师的"神来快门"，而是从一百多张照片中精挑细选出来的。而这位摄影师之所以能成为世界一流杂志的特约摄影师，正是因为他不只"快速"，而且要求"完美"。

我们今天说爱迪生发明了电灯。但了解内情的人都知道，电灯的发明牵涉到很多层面，譬如真空灯泡、灯丝、供电系统等，而每个层面在当时都有很多竞争者，爱迪生和他的助手只是在各方面做得"最快"而且"最好"而已。

爱迪生的确比别人快速，但那是由无数的尝试和不眠不休的努力累积起来的。譬如为了做出耐燃的灯丝，在一八七九年，他和助手们一共试验了将近一千六百种材料，最后找到能发光三百小时的碳化纸灯丝。但他还不满意，又尝试各种植物纤维，至少试验了六千种植物，而且派助手们到世界各地去寻找最适合、最理想的灯丝材料。

爱迪生的"最快"和"最好"，是因为他做了"最多"的试验。只要你肯花时间，"快"和"多"其实并不冲突。

快速，绝不是"缩短"完成一件工作应有的时间，而是每天投入"更多"的时间，使它能在更短的期限内完成。这样的快速才不会流于草率，才能既快又好。

W 上

珍珠的形成

M：

　　有一位言情小说作家，一个月可以写一本十几万字的言情小说，一年可以出十本小说，没几年就"著作等身"了。但他写的一百多本小说却没有一本能引起文评家的重视，更不要说流传后世了。他的小说就像廉价的盒装饮料，被读者"看完即弃"。

　　俄国小说家托尔斯泰花了将近七年的时间，才完成《战争与和平》。在这部卷帙浩繁的史诗性巨著里，出现的人物多达五百五十九人，呈现的是一八〇五年到一八二〇年，从拿破仑入侵俄国到十二月党人运动期间，俄国社会变动的点点滴滴。单凭这部小说，托尔斯泰就已成为不朽的文学巨擘。

　　为了做到连微小的细节都忠于现实，托尔斯泰所收集的相关历史数据和著作，多得可以成立一座小型图书馆。为了讲究写实逼真，他更亲临其境，到发生重要战役的几个现场做实地考察和采访。他更一再改写他的初稿，保留下来的手稿多达五千二百余页，光是小说的开头就有十五个版本，多数章节都经过七遍的修改和抄写（抄写的工作由他妻子负责）。

　　一八五九年，达尔文发表他的旷世巨著《物种起源》，这本倡言进化论的科学著作使他一夕成名。很多人津津乐道于达尔文原是个浪荡子，在爱丁堡大学就读时，不务正业，成天骑马、遛狗、打猎，后来搭乘"小猎犬号"，参加绕行世界、为期五年的科学调查团。在这趟科学之旅里，他看到了许多自然奇观，发现了大量化石，观察了无数的动植物，而就是这些特殊的经验使他产生了进化论的伟大理论。

这给人一种印象：达尔文似乎是"轻松而快速"地发现了伟大的真理。但事实并非如此。达尔文在一八三六年就从那趟科学之旅回到英国，二十三年后才发表《物种起源》，在这漫长的二十三年间，达尔文并不是在骑马、遛狗、打猎，而是在埋头整理他的资料、构思他的理论。

心理学家格鲁柏曾仔细研读达尔文在旅游归来到发表《物种起源》期间浩繁的思想笔记，他发现达尔文并不是一开始就获得结论的，而是一再地摸索、碰壁、增添、修饰，才慢慢形成其理论的。虽然他在一八三八年就大致有了"物竞天择，适者生存"的概念，但他觉得自己的理论太过新颖，可能会引起大量的反对声浪，所以他又花更长的时间仔细收集资料，来支持自己的观点，直到一八五九年才大功告成。

我们通常只注意到某人忽然成功了，但却鲜少去了解这个"忽然"背后，隐藏了多少不为人知的辛勤而漫长的工作。

有些事是急不得的。真正而有价值的成功，通常是来自辛勤而漫长的努力，就像蚌对待一粒沙般，唯有日积月累，才能使它变成珍贵的珍珠。用快速养珠法或造珠法造出来的珍珠，只是赝品，是没有什么价值的。

W 上

休息的艺术

M：

心理学家欧森曾提到一个有趣的故事：

有一个锯木工人面对堆积如山的木材，他埋头不停地锯，紧张得不敢休息。好心人士劝他："我看你的锯子都有点钝了，你应该休息一下，磨磨你的锯子吧！"锯木工人却不耐烦地说："你没看到我有这么多木材要锯吗？哪有时间去磨锯子！"

你也许会认为这个锯木工人缺乏头脑，但很多人在处理问题时，都不自觉地陷入这种"锯木工人的困境"中，他觉得有很多事情要做，所谓"一寸光阴一寸金"，他不敢浪费丝毫时间，只能辛勤地埋头苦干，不愿意休息，甚至不愿意去磨利他的"锯子"。

我前面几封信，似乎都在强调一个人应该如何"辛勤而漫长地工作"、如何"苦练"，但这绝不是说一个人不应该休息，休息之必要就像工作之必要。休息，不仅是为了走更远的路，更是为了磨利你的"锯子"——脑筋或心灵，好让你的问题能"迎刃而解"。

爱因斯坦曾问："为什么我最好的灵感总是在早晨刮胡子的时候浮现？"对一个理论物理学家来说，"刮胡子"就是他休息的时候。很多人也都有类似的经验，譬如同是物理学家的海森堡，也是在费心想解决原子光谱却徒劳无功，外出度假散心时，量子论的灵感忽然浮现在他的脑海中。

有些人更将休息当作一种策略。譬如法国数学家庞加莱，每当他思索一个数学难题，因百思不得其解而搞得头昏脑涨时，他就会暂时放弃，出去透透气解解闷，结果在他步上公交车或在海边散步时，带来问题答案的灵感就会不意地浮现于脑海。

有些人则在休息中"触类旁通"，而有意外的收获。譬如华裔建筑师贝聿铭，他在承揽美国国家大气研究中心的建筑设计工作时，面临极大的挑战。因为他过去擅长的是都市建筑，而这个研究中心却要盖在科罗拉多州海拔六千二百英尺①的岩石台地上。他苦苦构思不下十五个计划，但都无法如意。后来，他干脆放下工作，开车外出游览，结果在科罗拉多州南部维德平台上看到不少印第安人残留的塔楼，他发现这些塔楼的外形和颜色，与附近地形浑然天成糅合在一起，他由此获得了启发，而以配合岩石台地的几何图形来设计国家大气研究中心，该建筑不仅是他最发人深省的作品，而且这种建筑形式更成为他日后独特的风格。

休息，不仅是为了恢复活力，让我们等一下或明天工作时更有效率；从心理学的角度来看，当我们的意识长期专注于某个问题后，经常会陷入死胡同，此时，花再多的时间可能都只是徒劳；但如果能出去散散心，让褊窄的意识休息，那么更为广邈的潜意

①1英尺约为0.3米。

识即有浮现的机会，而它就是所谓的"灵感"。

在辛勤工作之后，需要休息，为自己的肉体和意识提供假期，不仅有益健康，更有益你的梦想。

W 上

打破旧习·创意人生

M：

每个人都希望自己是个有创造力的人，过着有创意的生活。

所谓"创造"，是指将新东西导入存在的过程。爱迪生的发明、毕加索的绘画、贝多芬的音乐固然是创造，贝聿铭的建筑、白兰洗衣粉的广告也是创造，家庭主妇用新配料煮出一道新佳肴、小朋友用积木堆出一个书本上没有的城堡，同样是创造。

每个人都有创造潜能，但真正让它开花结果的并不多。因为多数人都懒于甚至怯于表现他们的创造力。每个人心中也都有潜在的创意敌人，而扼杀一个人创造力的最大敌人是"习惯"，也就是以既有的、固定的、僵化的模式去思考、选择和行动，像茶来伸手、饭来张口般。

习惯，固然给予我们不少方便，但既然是"旧有"的反应模式，当然也是最没有创意的方式。

要做一个有创意的人，必须将眼光穿越到既有模式之外。

德国的物理学家伦琴，当他在做阴极射线实验时，发现旁边的银幕上出现异常的绿光。其实，过去的科学家也都看过这种绿光，只是他们认为它不符合既有的阴极射线理论因而加以忽略，但伦琴不仅特别留意，而且如获至宝。结果他从这"既有模式"

之外的绿光中，发现了一种新的辐射线——X 光。

要做一个有创意的人，必须勇于打破既有的思考习惯。

在天花肆虐的时代，多数想为人类解除这种痛苦的医师，都习惯性地把心思和研究重点放在"病人为什么会得天花"或者"如何治疗天花"上，但效果不彰。后来，英国的詹纳医师摆脱旧有的思考模式，他注意到挤牛奶的女工很少得天花。他改问："这些女工为什么不会得天花？"

结果他从中发明了种牛痘这种预防接种法，不仅为世人解除了天花这种苦难，更开创了免疫学此一崭新的医学领域，使过去很多威胁人类的传染病，都因这种预防接种法而消失或几近绝迹。

心理学家威廉·詹姆斯说："天才，事实上，跟以非习惯性的方式去知觉事物相差无几。"伦琴和詹纳就是这样的天才。我们当然不一定要做天才，但如果想过有创意的生活，也必须勇于破旧立新。

很多人都无法摆脱惯有的思考及解决问题的方式，因为习惯就像旧鞋或旧牙刷一样，让我们觉得舒适。想尝试新方法、新经验、新人生，就像换新鞋或新牙刷，开始时总是会觉得不太舒服、怪怪的，但早晚你就又会习惯；而只有一再地破旧立新，人生才能"苟日新，日日新，又日新"。

W 上

风
集

风檐展书读

认识的喜悦

M：

　　"知识就是力量。"培根如是说。知识，不仅是我们认识世界、解决问题的有力工具，也是人生追求的目标之一。

　　学生时代，正是一个人读书和追求知识的大好时光。但你说，现在学校教的很多东西，对大多数人将来的工作或日常生活其实都没有什么用。譬如几何学，除了将来做理工或相关工作的人外，其他人根本就用不到什么分角线、椭圆切线等，走出学校几年，就大部分都忘记了。与其花时间学这些艰深的东西，不如改学比较实用的知识。

　　我想这牵涉到两个问题：一是一门知识在将来是否能派上用场，我们现在无法预知，但多数人的经验是"书到用时方恨少"。二是我们学习的并非一门知识的细微末节，而是它的纹理和结构，譬如几何学，它的精髓是在训练我们对一个问题做条理清晰的思维、演绎和证明，而不是那些分角线和切线。

　　法布尔是一个知名的昆虫学家，著有脍炙人口的《昆虫记》，但早年却花很多时间研习几何学。几何学对他后来所研究的昆虫有什么用呢？法布尔说，当他在写《昆虫记》时，"特别感到年轻时候学的几何学发挥了莫大的功效。尤其要让自己的发现和想法被他人了解时，由'几何证明'学到的循序渐进的论理方法，特别有用"。他甚至后悔当年没有好好学希腊、拉丁古典文学，而无法使他的科学著作"更富于美学"。

我们当然希望能学以致用，但这并不是说我们要先确知一门知识或一本书对自己有用，然后才去学它、读它。对你来说，人类学家列维－斯特劳斯的《野性的思维》这本书也许是没有什么用的，但它却能为你的疑问提供一个相当有用的答案。

我想你也知道，原始民族对自然界的动植物拥有非常丰富的知识，我们常想当然地认为，那是因为这些动植物对原始民族而言具有相当大的经济效益，是他们先体认到动植物有用，所以才花心血去认识它们的。

但列维－斯特劳斯告诉我们，真正的情况可能刚好颠倒：是原始民族为了满足自己的好奇心和求知欲，仔细去观察、思索、研究这些动植物，在对它们有了充分的认识后，才知道这些动植物的哪些部分可以吃、哪些部分可以治病、哪些部分可以做毒药的。

"动植物并不是由于有用才被认识的，它们之所以被认为有用或有益，乃是因为它们首先已被认识了。"这是列维－斯特劳斯的结论，只要把"动植物"换成你所说的"书"或"知识"，就是我所能给你的答案。

其实，任何东西，只要被写成书，或者被系统化成知识，就具有它的工具性价值。就拿最脱俗的古典诗词来说，它也有所谓怡情悦性的工具性价值，甚至在你谈恋爱写情书时都能派上用场，但如果一个人是先认为古典诗词对怡情悦性或写情书有用，才去

读它们，那就有点焚琴煮鹤了。

　　读书或追求知识的原动力在于满足好奇心和认识的喜悦。一本书或一门知识对自己到底是有用还是无用，我们难有先见之明，只有先去认识它，你才会知道。

W 上

知识的魅力

M：

"有一条穿越田地通往新南门的小路，我经常单独一个人到那儿看日落，心里浮现自杀的念头。"有一个年轻人，在十八岁的时候满怀愁绪，而且有轻生的念头。不过，他接着说："但我没有自杀，因为我想多知道一点数学。"

这个年轻人就是后来写出《数学原理》等著作的伟大哲学家罗素。他以奇特的方式来表白他的求知欲，对（数学）知识的追求，竟然是支持他"活下去"的最大力量。

"知识就是力量。"这句话除了说知识是我们认识世界、解决问题的有"力"工具外，它同时表示，知识本身会散发出一股迷人的魅"力"，一个具有好奇心和求知欲的人，必然会被它所吸引。我想罗素对数学的看法，后者的成分要大于前者。

知识不仅迷人，有人更将对知识的追求视为他人生最高的目标，因为"知识就是真理"，他追求知识就是在追求真理——不只要亲炙历经无数代人的探寻、思索、验证而留传下来的人类智慧的结晶，而且要加入这个探寻、思索与验证的行列，为世人添加更多的知识，孕育更多的真理。

为了追求知识和有系统地传授各种知识，人类"发明"了学

校；为了了解你对各种知识的了解情形和追求成果，人类又"发明"了考试。知识虽然迷人，但考试却不迷人，它使很多知识蒙上一层"痛苦"的色彩，而大大减少了追求知识本身的乐趣，这确实是个问题。

有一个人，在大学时代主修的虽然是植物学，但却很喜欢地质学这门知识，不仅对整个课程了如指掌，还读了很多课外的东西，而"猴急"地想参加期末考。考卷一发下来，她忙着看试题，随即奋笔疾书地作答，每一题她都会，她开心极了。

但等到她浑然忘我地答完试卷，回过头来要写上自己的名字时，竟然忘了自己姓啥名啥！她左顾右盼，发现同学们都还痛苦地作答，而她唯一的痛苦就是在考试时"忘了我是谁"。在想了二十分钟后，她才想起自己的名字。

这个人就是后来在对玉蜀黍的精密研究中发现"跳跃基因"，从而获得诺贝尔奖的芭芭拉·麦克林托克。

作为一名学生，你无法避免考试。而避免痛苦的最好方法也许就是像麦克林托克，在平时就对一门知识下功夫，有充分的准备，则不仅读书充满乐趣，连考试也会充满乐趣。当考试变成一种乐趣时，你就能更主动地去追求更多的知识。让知识越有魅"力"，你也就会越有"力"量。

W 上

让心灵悸动的阅读

M：

一般说来，提供知识和讯息的书籍，只能让我们获得"知性的喜悦"，但多数人更渴望从阅读中获得"心灵的悸动"。要想获得这种感动，我们也许必须到倾诉个人情感、揭示人类理想与充满想象力的小说、传记、随笔及哲学著作中去寻找。

爱迪生为了帮忙分担家计，十二岁时就到火车上，扛着比身体还大的贩卖箱，边走边叫卖报纸、水果和点心，随着火车四处流浪。有一天，他读到雨果的小说《悲惨世界》，不禁感动得热泪盈眶。因为他觉得自己就像书中那些可怜的孩子。

雨果的《悲惨世界》不仅是他青葱少年岁月中的最大慰藉，同时也净化了他受创与悲愤的心灵。有很长一段时间，他的同伴都因此而戏称他为"维克多·雨果·爱迪生"。

我们需要有这种让自己热泪盈眶，抚慰与净化心灵的阅读，特别是在自己寂寞困苦的时候。

著有《纯粹理性批判》的哲学家康德，终生过着非常规律而理性的生活，每天晚上十点一定准时上床睡觉，第二天早上五点就起床，他特别嘱咐仆人，如果时间一到他还赖床，就必须毫不留情地将他拉离床铺。每天傍晚四时他一定准时外出散步，而且

循着固定的路线，当地的民众都以他走过自家门口的时刻，来调整他们的时钟。

他生平唯一一次打破这种规律、理性的生活，是在他四十二岁时，因阅读卢梭的《爱弥儿》，看得入迷，竟至放弃了傍晚四时固定的散步，而且到了晚上十点，还不想上床，因为他被卢梭在书中所揭示的教育理想深深打动和慑服，而在心灵的酩酊中一口气读完它。

我们需要有这种打破沉闷生活，让自己酩酊与慑服的阅读，特别是在太过理智的时候。

诗人徐志摩年轻时代，原来自许要做个杰出的金融家。当他在哥伦比亚大学经济研究所就读时，情绪低落，但因读到尼采的《查拉图斯特拉如是说》，而感到无比的惊心、无比的振奋："我彷佛跟着查拉图斯特拉登上了哲理的山峰，高空的清气在我的肺里，杂色的人生横亘在我的眼下。"

尼采像一道闪电，照亮且指引他苍凉的生命，在他困顿低潮的时候，带给他无限的欢愉和激励，不仅让他一扫阴霾，而且放弃即将到手的经济学博士学位，转而到英国剑桥去研读哲学。

我们需要有这种让自己的灵魂激昂澎湃，并在其感召下，将它化为具体行动，改变自己人生的阅读。

W 上

读书需走爱之路

M：

舞蹈家邓肯因家境贫寒，十岁即辍学返家教人跳舞，但她却很喜欢读书，每天跋涉远路到奥克兰的图书馆借书，经常在夜里对着烛光，看书看到天亮，她在少女时代就读遍狄更斯、辛克莱和莎士比亚的作品。后来在巴黎，有一段时间也天天到歌剧院图书馆，把从埃及以迄现代，有关舞蹈的书都读了一遍。

物理学界的怪杰费曼，说他在小学时代，就自己到图书馆借《实用代数》《实用三角》等书，回家自行演算。十三岁时，得知图书馆添购《实用微积分》，又立刻去借阅。

图书馆管理员皱着眉头问他："小孩子借这种书做什么？"费曼只好撒谎说是"帮父亲借的"。但几天后，他已比父亲懂得更多的微积分。

李远哲在决定从化工系转到化学系后，听说热力学很重要，为了学习热力学，他在大一暑假，就和高他两届的张昭鼎两人拿着一本刘易斯·兰德尔的书，从第一页开始念。虽然英文程度不太好，书的内容也很深，但他们还是一页一页念下去。两人就这样在宿舍里轮流开讲，相互质问，花了一个暑假，念了大半本。

在决定将来要走物理化学的路后，李远哲除了到物理系去选

一些相关的课程外，又和物理系的一些学长们挑了一套三册的关于"原子物理"的书，利用晚上的时间在台大二号馆轮流开讲，相互切磋。他说他用这种方式"念了不少书"。

邓肯、费曼和李远哲三个人读的书虽然不同，方法也有别，但却有一个共通的地方，他们读书循的都是"爱之路"——主动阅读、学习，而非"义务之路"——被动阅读、学习。

学校教育很奇怪地把书分为两种：一是我们有义务要读的书，也就是教科书；二是我们没有义务要读的书，譬如小说。多数人也因而产生一种奇怪的心态，认为有义务要读的书，等到需要读的时候再读就可以，现在宁可读些不见得有义务但自己却喜欢读的书。结果就出现了两条读书路线：一是"义务之路"，二是"爱之路"。

图书馆管理员之所以质问费曼，因为大家认为微积分是学校规定要读的东西，你只需走"义务之路"，等到上大学以后再读就可以了。李远哲和他的友人之所以令人动容，因为那两本书都不是学校或教授规定要读的书，何必自找麻烦去读它们？

像邓肯这种无缘或无福接受学校教育的人，反而比较单纯，他们读书，走的都是"爱之路"而非"义务之路"。其实，只要你喜欢而且有能力吸收，你什么时候都能主动追求你感兴趣的知识，提前以"爱之路"来读你有义务要读的书。

书也许有两种，但正确的读书之路只有一条，就是"爱之路"，只有主动地去阅读、学习，你才会较愉快，也较有收获。

W 上

为学要如金字塔

M：

作家梁实秋在《影响我的几本书》这篇文章里，一口气列出了八本书，分别是施耐庵的《水浒传》、胡适的《胡适文存》、白璧德的《卢梭与浪漫主义》、叔本华的《隽语与箴言》、斯陶达的《对文明的反叛》《六组坛经》、卡莱尔的《英雄与英雄崇拜》、奥勒留的《沉思录》，并扼要说明每本书对他的为学做人产生了什么影响。

虽然梁实秋谦称自己"读书不多"，但他其实是一个非常博学的人。只有博学的人，才能体悟自己读书实在"不多"，因为面对浩瀚如汪洋的书海，读再多的书，也不过是沧海一粟而已。

但从这份书单可以窥知，梁实秋读的书颇杂，有相当大的涵盖面。书一向被视为精神食粮，读书就跟吃饭一样，我们不可能吃尽天下的食物，但要获得足够而均衡的营养，我们就不能偏食，而是应该什么都吃一点。同样的道理，要获得足够而均衡的精神营养，我们也不能"偏读"，阅读的领域应该越广越好。

一个博学者，通常也是"杂读家"。而一个真正的知识分子，除了本行的专业知识外，对其他知识体系也应该要有起码的常识。

所谓"为学要如金字塔，要能博大要能高"，"高"指的是专业知识，而"博大"指的则是一般常识，它是有赖于广泛阅读的。

物理学家吴健雄，在学生时代曾有过一则逸事：当她从苏州女子师范毕业，进入位于江苏的"中央大学"数学系（后来转物理系）前，曾利用空当先到中国公学进修。因为自觉在文史方面的知识有所欠缺，所以除了选两门数学课外，更选了杨鸿烈的历史学、马君武的社会学，还有胡适的有清三百年思想史三门课。她像读数学般认真，结果三科都得到一百分，让胡适惊为天人。后来，吴健雄到加州大学伯克利分校留学，胡适还特别写一封长信勉励她：

"你是很聪明的人，千万珍重自爱。这还不是我要对你说的话。我要对你说的是希望你能利用你的海外住留期间，多留意此邦文物，多读文史的书，多读其他科学，使胸襟阔大，使见解高明。我不是要引诱你'改行'，回到文史路上来；我是要你做一个博学的人……凡第一流的科学家，都是极渊博的人，取精而用弘，由博而反约，故能有大成功。"

吴健雄后来果然不负胡适的厚望，成为一个顶尖的物理学家，有"中国居里夫人"的美誉，同时也是一个博学的知识分子。

胡适勉励吴健雄的一番话，对你以及时下的年轻学子仍相当适用。学科学的人，应该具备人文知识，而学人文的人，也应该具备科学知识。这样，才有可能成为眼界开阔、见识恢宏的知识分子。

W 上

消遣中的奇遇

M：

我们读书，的确有一大部分纯粹是为了消遣。你问我："但在为了消遣而读书时，是否也应该有所选择？"

老实说，我很难回答你这个问题。当然，我可以像其他人般，劝你"多读好书，少读坏书"。但问题是对别人好的书，不见得对你好；而对别人坏的书，也不见得对你坏。

在为消遣而读书时，心情最好能放轻松一点，不必去想"是好是坏"或"有没有用"这类的问题。

我前面提到达尔文在参加环球科学调查之旅，回到英国后，他花了相当长的时间，阅读各种相关书籍，绞尽脑汁苦思，想对他的观察所得提出一套合理的解释，但却到处碰壁，进展缓慢。

有一天，他为了"消遣"而拿起马尔萨斯的《人口论》来阅读，书中提到人口成几何级数增加，而可耕地只能以算术级数增加，这将会带来悲惨的结果。达尔文看得津津有味，后来看到其中的一句话：人们"为了生存而搏斗"，就是这句话使达尔文灵光一闪，"触类旁通"，产生生物进化的原动力是来自"生存竞争"的想法。

"物竞天择，适者生存。"达尔文进化论的八字真言就是这么来的。但当初达尔文拿起《人口论》，却是为了"消遣"或满足好奇心，如果他心里想的是"这本书对我是好是坏？有没有用？"那他可能就不会拿起《人口论》了。

又譬如金庸，他在重庆的中央政治学校外交系念书时，因打抱不平而被勒令退学后，透过亲戚协助，到中央图书馆阅览组当闲差。因为无聊，而饱览馆中收藏的西方传奇小说，像司各特的《撒克逊劫后英雄传》，大仲马的《侠隐记》《基督山伯爵》等来消遣。

有人也许会认为金庸这是"玩物丧志，不知悔改"，殊不知就是这些"玩物丧志"的阅读使金庸成为武侠小说泰斗。因为后来在提笔写武侠小说时，他把这些西方剑侠传奇的结构特色，融入中国传统的侠义小说中，而产生了有别于他人的独特风格。

虽然我们不必寄望在为消遣而阅读时，也都能"开卷有益"，但确实有不少人因读闲书而获益，甚至带来不期而遇的伟大创见。

其实，不管是中文的"知识"或英文的 Knowledge，都是由"认识"（know）而来。当我们经由一本书而"认识"了一种知识后，它可能就会使我们原来熟知的其他知识"受孕"，而产生意想不到的知识"结晶"。

就好像很多小说所描述的人生奇遇：某人因一次小小的放纵或者疏忽，而进入一个完全陌生的环境中，遇到相当新奇、有趣的人和事，发生一段令人回味无穷的爱情或友谊等。在阅读的领域里，你只要给自己一些小小的放纵和疏忽，也能获得这种奇遇。

W 上

在不疑处有疑

M：

知名物理学家吴大猷说他十二岁时第一次读《三国演义》，觉得它很吸引人。往后七十几年，又反复抽看了不知多少遍，有时还加些眉批。直到八十来岁，床边还摆着一本《三国演义》，睡不着就翻一翻。如此看着看着，却也看出了不少疑点：

"譬如说，阿斗在长坂坡时年仅半岁，十七岁时娶了张飞之女为妻，张飞之女亦为十七岁，但是《三国演义》却不曾提过张飞娶妻之事。此外，刘备首次见到赵云时，书中描写赵为少年，但是从赵云死时的年龄和年号推算，赵云却比刘备大上两岁，这些问题都是十分有趣的。"

吴大猷对《三国演义》的疑问，反映的其实是他平日的读书态度。他在接受记者采访时说，他读书唯一的原则是"书上每一行都要弄懂，要怀疑它，再想办法证明它是不是对的"。不只读科学书如此，连看《三国演义》也如此，它显然已成为一种习惯。

哲学家叔本华曾说："我们读书时，是别人在代替我们思想，我们只不过重复他的思想活动的过程而已……在读书时，我们的头脑实际上成为别人思想的运动场。"读书如果不自己动脑去思考，就会被别人牵着鼻子走，那么即使读再多的书，也不会有什么心得，甚至会变得愚蠢（即书呆子是也），这也是古人所说"学而不思则罔"的意思。

我们再以"进食"来做比喻，不管吃什么东西，一定要经过自己口齿的咀嚼、胃肠的消化，才能被吸收，成为自己所需要的营养；同样的道理，不管读什么书，也一定要经过自己大脑的思考、判断，才能被吸收，成为自己所需要的"精神营养"。

所谓"尽信书不如无书"，读任何书都应该有怀疑的精神，不是怀疑作者的用意，而是怀疑内容的正确性与可信度。在研究学问、追求知识时更应该如此。

知识的诞生来自好奇，而知识的进步则来自怀疑。就像苏格拉底所说，人类只能逼近真理，而无法完全达到真理，在追求真理的过程中，我们只知道前人的某些观点错了，而对它们提出修正；人类知识的进展，其实就是不断修正过去知识的历程。

但要发现前人的某些观点错了，我们必须在读书或追求知识时，具有怀疑的精神，花点时间去思考它所说的是否合理，想办法去验证它对不对。这样，才是真正的追求。

W 上

寻找知识上的敌人

M：

你说你虽然怀疑某些书上所说的东西，但你却无法自己去验证它们的虚实，而且以你现在的思考功力，也难以提出更佳的答案。

这的确是个问题。读书容易验证难。我们不可能"上穷碧落下黄泉"，一一去验证书上所说的话是否真实，而对某些问题的思考，也不见得比作者来得高明。那要如何发现虚妄呢？我想除了要看作者个人的可信度外，另一个简单易行的方法就是读更多的书。

这听来似乎有点矛盾，既然每本书中都可能含有虚妄的成分，那读更多的书岂非使虚妄变得更加复杂？如果你想知道某个知识体系是否虚妄不实，是否有它的盲点或弱点，读同类的书当然没有帮助，甚至可能使你越陷越深。但如果你读的是它的"知识敌人"的著作，那就经常能收到醍醐灌顶之效。

每一个知识体系，甚至每一个作者，都有其竞争对手，也就是"知识上的敌人"。"敌人"的本质是他会不遗余力地去寻找对手论述上的疏漏、错误、盲点和弱点，并热心地提供给你这方面的信息。因此，你若想了解某个知识体系或某本书是否虚妄，只要改读它的知识敌人的著作，那往往就能够"得来全不费工夫"。

譬如人类学家李区在《结构主义之父——列维－斯特劳斯》这本书里，以交通信号里的"红绿灯"来阐释结构主义的一个基本观念：在自然界的色谱里，绿色是红色的对比色（红绿互为补色），而黄色是红、绿两色的中间色；因为血是红色的，所以人类就以红色来代表危险（停止），而以和它对比的绿色来代表安全（通行），然后以红绿之间的黄色来代表停止与通行之间的警示。

"所以"，自然的层次（红－黄－绿）与文化的层次（危险－警示－安全）反映出同样的"结构"。听起来很迷人，但你要如何辨别它的虚实真伪呢？

结构主义的"知识敌人"是文化唯物论，你只要翻一下哈里斯的《文化唯物论》，就会发现，他为了证明结构主义的虚妄，花了很多心血去考察人类交通信号的发展史，从十九世纪英国铁路系统的信号、二十世纪初年纽约街道的交通信号，到现今的铁公路交通信号以及警车与救护车信号的沿革与变迁，它们很清楚地告诉我们，事情根本不是李区所讲的那一回事。以红－黄－绿来作为交通信号，只限于公路系统，而且也不是一开始就是如此（有兴趣可以自行去查阅）。

总之，哈里斯的举证，瓦解了前述李区"具体、生动、迷人"的论述，在十分钟内（就阅读的速度而言），就让我们看出结构主义的某些虚妄性。

人类有一种奇怪的选择性认知，就是当你迷上了一种学说、一个观念后，通常只会去读支持此一学说或观念的相关书籍，这

种"知识偏食"正是危险与虚妄的最大来源。

　　在现实生活里，要你去亲近你的敌人，也许是件困难的事，但在阅读的领域里，亲近"知识上的敌人"却一点也不困难（只需将它从书架上拿下来）。它不仅能带你走进一个以前被你忽略的崭新世界里，而且能纠正你的偏颇，使你的眼界更开阔，心灵更自由。

W 上

两个世界的辩证

M：

小说家纪德说："在书本上读到海滩上的沙土多么温柔，这对我来说是不够的，我要自己赤裸着双足走在那上面。"

这句话有两种意思：一是我们必须自己去验证，看看海滩上的沙土是否真如书上所说的那么温柔；二是我们不能耽溺于书中世界，而必须亲自去感觉、去体验真实的世界。

《聊斋志异》里有一则故事说，一位书生家中藏书甚丰，且爱书成癖，不事生产，也不喜交游，整天沉迷在书堆里。有一天，他从一本书中发现一把镀金的径尺，认为这是"书中自有黄金屋"之验，而更加勤读。后来又在另一本书中发现一张剪纸美人，正猜疑这是否就是"书中自有颜如玉"时，剪纸美人忽然化为活生生的美女，自称名叫"颜如玉"，因感念书生相知而来和他做伴。

"颜如玉"每天陪他弹琴下棋，但书生还是手不释卷。在"颜如玉"三番两次劝他"不要再读书了"，而且要挟离去后，他才慢慢摆脱书本，并听从"颜如玉"的建议，出门结交朋友，与人议论诗文，渐渐有了名气。后来，在生下一名男孩后，"颜如玉"含泪向他告别。书生苦苦哀求，"颜如玉"最后说除非他散尽家中所有藏书，她才有可能留下来。但书生不肯，因为他觉得那等

于"要了他的命"。

地方官风闻书生家有妖异，派人来查拿。"颜如玉"在混乱中消失，地方官下令焚毁书生家中所有的藏书。一无所有而悲愤的书生遂上京赶考，结果在第二年中了进士。

这是一则寓意深远的神话故事。故事为我们提供了两个世界——"书中世界"和"现实世界"：流连于书中世界的书生，几乎忘记现实世界的存在；而来自书中世界的颜如玉，却一再将书生推向现实世界。故事的结局是，书生只有彻底走出书中世界后，才能在现实世界里有实质的成就，而这样的成就却又是来自书中世界的启迪。

其实，我们每一个人也都活在这两个世界中。不管是为追求知识还是消遣而读书，都能让我们暂时忘却烦琐甚至苦闷的现实世界，但如果因此而沉迷、耽溺于书中世界，甚至以之作为逃避现实世界的工具，并美其名为"书中自有黄金屋，书中自有颜如玉"，那就变成另一种形式的、对现实无能的"书呆子"。

书中世界只是现实世界和生命的投影，不管你读多少书，你都只是现实世界和生命的旁观者而非参与者。虽然我们有必要在某些时候旁观现实世界和生命，但在更多时候，我却必须离开书本，甚至抛弃书本，让生命去参与真正的现实世界。

W 上

水集

回首来时路

三种际遇，一样成功

M：

关于个人的未来，如果父母的期待甚至规划，跟你自己的想望有很大的落差，这的确是个问题。老实说，我没有办法给你一个简单而明确的答案，只能向你说几个故事：

日本有一位青少年，家中经营酿酒业，是有名的老字号，他父亲为了让他继承家业，在中学时代就安排他旁听公司的业务会议，但他却一点兴趣也没有。他热衷的是电子产品，不仅阅读大量相关书籍，还自己装配了一台电动留声机。

考大学时，父亲希望他读商学系，但他却选择自己喜欢的物理系。毕业后，父亲希望他回酿酒厂工作，但他坚持走自己的路，和朋友成立一家小小的工业社，生产他喜欢的电子小商品，不只辛苦、风险大，更让父亲失望透顶。

他名叫盛田昭夫，当年那家小小的工业社后来发展成跨国大企业——索尼公司。盛田昭夫的故事似乎在说，在决定未来的志业时，我们应该听从自己生命的鼓声，勇敢坚持个人的兴趣，这样才能发挥所长，才有较多的成功机会。

但这只是部分的故事。

二十世纪，上海有位中学生颇具文艺气息，读了很多古书和现代小说，梦想将来要当作家，当他向在银行界工作的父亲透露这个愿望时，他父亲很不以为然，说当作家会"饿肚子"，要他也走银行这条路。他听从父亲的建议，上大学时选了银行系；但读了几个月，大时局大变，父亲认为商科的前途难料，于是要他出国改念理工。他也听父亲的话，并在亲戚的安排下，先到哈佛大学，再转到麻省理工学院，毕业后从事半导体的工作。

他就是张忠谋，后来在台湾创立了台积电，成了很多人欣羡与崇拜的偶像。如果张忠谋当初拒绝听从父亲的建议，坚持自己的兴趣去当作家，那会是什么样的一个局面呢？谁也不知道。我只知道，在青少年时代，对未来要走什么路听从父母的建议，绝非"人生就此一片灰暗"。

但还有另一个故事：美国有位青少年，高中时代就很喜欢计算机，后来在父亲的期待下去念医学院。很有商业头脑的他批购主机等零件，自行组装，在宿舍卖起了计算机，生意火红，但也因此荒废了学业。愤怒的父亲跑到学校来，要他放弃计算机，专心学业。他很不甘心，而主动向父亲提出一个妥协与测试方案：让他暂时休学，专心卖计算机，如果三个月内的销售额达不到父亲所定的目标，他就不再碰计算机，乖乖念医学院，否则就让他退学去创业。结果他在一个月就达到了目标，父亲这才相信他对儿子看走了眼，放心地让他退学去创业。

他名叫迈克尔·戴尔，也就是后来戴尔计算机公司的创办人，该公司一度是全球获利最高、最快的公司。当父子发生冲突时，戴尔主动提出妥协方案，测试自己兴趣与梦想的可信度，不仅说

服了父亲，也检验了自己。

我想说的是：在决定未来的志业时，坚持自己的想望、听从父母的意见或与父母妥协，都有人成功，当然也都有人失败，所以大可不必为意见不合而父子反目、剑拔弩张。重要的不是你该听谁的，而是你为自己的想望做了什么，又如何让人相信你真的可以以它为志业。

W 上

感谢父母的两种方式

M：

"我的父母都给了我很大的影响，没有我的父母我就不会在这里。因为他们为我牺牲了很多东西，给了我机会接受最好的教育，参与最喜欢的运动项目。"

有"冰蝴蝶"之称的关颖珊，在接受凤凰卫视专访时如是说。曾获得五次世界花式滑冰赛冠军，一次奥运银牌和铜牌的她，还担任过美国的公共外交大使，但她把一切成就与荣耀都归功于父母。

关颖珊在洛杉矶出生，父母是香港移民，开餐馆营生。五岁时，因去看冰上曲棍球比赛，点燃了她学习滑冰的兴趣；七岁时，第一个滑冰比赛冠军让她和父母看到了一个美丽的未来。为了实现梦想，父亲每天早上四点多钟就叫醒她，开车载她去滑冰场练习。还特别聘请教练，让她接受更专业的训练，昂贵的费用使她母亲必须再去兼职，后来更是陪她到冰之城堡国际训练中心照顾她的生活起居。虽然辛苦，但望女成凤的他们却甘之如饴。

父母辛劳的付出终于得到成果，子女不仅出人头地而且表示感恩，这可以说是一个典型的"华人梦"。看看别人，想想自己，如果你因"我就是没有这样的父母"而感到失望，甚至心生怨怼，

那劝你再看看下面这个故事：

"我特别要感谢我的父亲，因为他没有逼我继续上学，没有叫我去补习班，没有叫我去计算机班，也没有将他一生未完成的愿望，要我去替他完成，才使我有机会画漫画，感谢爸爸！"

这是知名漫画家蔡志忠在获颁台湾十大杰出青年奖，上台致词时所说的一段话。以《大醉侠》《六祖坛经》《孔子说》《庄子说》等漫画风靡全国、日本与东南亚的蔡志忠，同样为他的成就感谢父母，但感谢的却是他们没有为他做什么。

蔡志忠的父亲是小公务员，母亲是位农妇。他四岁时，到彰化街上看到有人画电影广告牌，觉得很神气，于是梦想将来当个画家，回家后开始无师自通，东画西画。读初一时，更自编脚本，画成作品，投稿到台北的漫画出版社。初二暑假，他接到漫画出版社的聘用通知，鼓起勇气对正在看报纸的父亲说他想去台北画漫画，想不到父亲头也没抬，淡淡地说："那你就去吧！"

于是第二天，他带着两百块台币和一个皮箱，只身到台北，开始他传奇的漫画人生，最后终于出人头地。但他的学识、技巧和创作，可以说都来自自修。

二十多年后，媒体好奇地问蔡爸爸当年怎么会放心让儿子"离家出走"，蔡爸爸淡淡地说："我给他们自由，事情只要认真做，就好！"但就是这样让蔡志忠感恩一辈子，因为没有父亲的放手，就没有今天的他。蔡志忠后来有感而发地说："我们恨父母，都是因为他们硬要我们做什么；我们感谢父母，都是因为他们没替我们做什么，让我们自由。"

一个成功的人在回顾自己的过去时，都会对父母心存感谢。不管父母当初为他们做了什么或没做什么，都可以成为激励自己奋发向上的动力。只有一事无成的人，才会把自己的失败归咎于父母。

W 上

父亲的特别决定

M：

有些人似乎从小就让父母担心。几十年前，在杭州，有位母亲忧心忡忡地说："儿子天生不按常理出牌，说教只怕已无用途！"做父亲的则在一旁苦笑安慰："那我就来当把铁锹，一天一小铲，尽量挖出他的闪光点，再用闪光点去填埋他的劣根吧！"

这个当年让父母忧心的少年名叫马云，正是今天在全球呼风唤雨的阿里巴巴集团的创办人。少年时代的马云虽然体格瘦小，长相又有点另类，但却以行侠仗义、打抱不平的"大侠"自居，他经常打架，有过缝十三针，一再被学校处分，劳驾父亲帮他转过三次学的辉煌纪录。

难怪母亲会替他忧心。但拿着铁锹的父亲马来法忽然看到他身上闪过一个亮点：每当他在对儿子唠叨时，马云总是用刚学会的英语叽里呱啦地回敬，他竟转怒为喜："那好，你就好好学英语，学到能随心所欲地讲，那样骂人才会痛快！"于是，父亲做了一个很特别的决定——开始骑脚踏车带着马云到西湖边去找来此旅游的老外聊天。

马云用所学的只言片语与老外们越聊越开心，学习英语也越来越带劲，而胆识也越来越大，在假日就自个儿骑脚踏车到香格里拉饭店门口，向老外毛遂自荐当导游，练英语兼赚外快。也因为如此，他大学念的是杭州师院英语系，毕业后到杭州电工学院教英语，课余成立供英语爱好者交流的"英语角"，一九九五年，更成为杭州市政府赴美与投资者进行谈判的英语翻译。

这趟美国之旅让他第一次接触到 Internet，对计算机一窍不通的他立刻迷上了这种新奇玩意，直觉告诉他里面隐藏着巨大的商机，于是他回国后就辞去教职，纠集一批英雄好汉，创办中国黄页网站，踏上网络营销之路。

就在马来法带少年马云到西湖边和老外聊天之后大约二十年，美国纽约州一名牙医师带着一位少年到默西学院参加研究生的计算机课程。授课老师皱眉："你不能带小孩进教室。"牙医回答："要上课的不是我，是我儿子。"这位小孩名叫马克·扎克伯格，也就是后来"脸书"的创办人。

马克十岁时，就迷上父亲爱德华买给他的计算机，几乎把时间都耗在上面。爱德华看儿子如此喜欢计算机，于是做了一个特别的决定——花钱为孩子找家教，聘请一位软件研发师每周来上课一次，教马克如何写计算机程序。聪明又认真的马克很快就抓住了诀窍，十二岁时就为父亲的诊所编制了一个特殊软件。为了让儿子更上层楼，爱德华又替他报名参加默西学院的研究生课程，才发生上述趣闻。

我们可以说，马云和扎克伯格的人生与成就，除了个人条件外，跟父亲在他们青少年时代的一个决定也有很大的关系。也许你和朋友的爸妈也替你们请过家教，但教的却都是如何在考试时

得高分的科目，学程序设计。联考又不考，学它干吗？英语很重要没错，但让孩子去上老外开的会话补习班就不错了，像马云这样被推到第一现场免费学英语兼练胆识的可说绝无仅有。

不凡的成就来自不凡的看法和做法。你和父母也许该多想想。

W 上

电影背后的心路历程

M：

你说李安和斯皮尔伯格是你最喜欢的导演，李安的《少年派的奇幻漂流》和斯皮尔伯格的《侏罗纪公园》你都看了好几遍。在电影导演界，李安与斯皮尔伯格可说是一时瑜亮，但他们的电影风格和心路历程却迥然有别。

李安来自传统的书香世家，当校长的父亲相当威严，像一座山给他安全感，但更给他无名的压迫感。父亲期待他能读个好大学，将来当个出色的学者，可惜李安不太会念书，成绩中下，看电影成了他当时唯一的慰藉。两次大学联考都落榜，父亲的失望和他的愧疚让全家陷入愁云惨雾中，后来因怕他出事，父亲勉强妥协让他改考五专，去念他喜欢的台湾艺专影剧科。但在毕业后，父亲还是希望他出国深造，得到个学位，将来好回来当教授。

在与父亲的紧张关系中，母亲成了他的避风港。母亲知道这个"看叶子飘半天还不读书"的儿子多愁善感，小时候经常在周日带他去教会，每天祷告。母亲乐观而看淡世事的态度影响到他，使他能逆来顺受，觉得受些挫折（包括他电影研究所毕业后，有六年无业在家）也没什么，不会因此而滋生愤恨、不满。

　　斯皮尔伯格则是很早就"进入"电影这个行业，他不只喜欢看电影，十二岁时就用父亲送他的八厘米摄影机记录家人生活，学习如何运镜、剪辑、配乐等，为了满足他这位"小导演"的梦想，父母和三个妹妹都成了忠实演员。摄影的想象世界成了他青少年时代排遣乡居生活的沉闷、抚慰在校被同学欺负（他是犹太人）的不愉快、逃离失和父母在夜里不断争吵声的法宝。

　　身为电机工程师的父亲希望他往理工方面发展，对数学、化学等功课要求严格，但这些却正是他所憎恶的。而做过钢琴演奏家的母亲，"就像一个大姐姐般充满活力，为我提供鼓励"，有一次，他母亲还用高压锅焖煮三十罐樱桃，让它们爆开来，将厨房喷得"血淋淋"，好让他拍些非常恐怖的镜头。

　　虽然斯皮尔伯格在十六岁以前就自己拍了十几部短片，其中有几部还得了奖，但当他去申请长堤的电影学院时，却接连三次都因高中成绩太差而被拒之门外，而只能改读英文系。但他无心学业，继续自己喜欢的电影工作，在二十一岁时获得环球制片的七年合约，即正式进入电影这一行。

　　李安和斯皮尔伯格的电影虽然都很好看，但两人的导演之路却迥然不同，挫折也不同。李安和父亲的关系一直沉默而紧张，父亲对他的遗憾总是多于鼓励，而他自己也觉得难过，变得很压抑。但没有压抑，何来爆发？让李安崭露头角的家庭三部曲《推手》《喜宴》《饮食男女》，多少就是在处理他和父亲的关系，如果当初他们父子关系开朗温煦，那还会有今天的李安和他的电影吗？

斯皮尔伯格走的是不一样的路。父母失和（后来离异）一直是他成长过程中最大的痛，他除了借进入想象世界来求得解脱外，后来的作品更是在表达"创造一个我向往已久的和乐家庭"的想望。

看一个人拍出什么样的电影，就可以知道他是怎么样的人。凡走过的必留下痕迹，但愿你在喜欢李安和斯皮尔伯格的电影之余，更能多多了解他们的成长和心路历程，作为自己的借镜。

W上

好学校还是好家教?

M:

"去美国读书是决定我一生命运的一件事情。如果小时候不去美国的话,我现在也不会很失败,但是一定不会有今天这样的成功。"

说这句话的是李开复。二〇一三年,他获选为《时代》杂志全球最具影响力的百大人物。在此之前,他已先后担任过苹果、微软、谷歌等公司的副总裁,并负责后两家公司在中国大陆的营运;后来更是自己创办了"创新工场",有青年及创业导师之誉。而这一切都要回溯到一九七二年,当他年仅十一岁时,就远渡重洋到美国接受教育(从初中到博士)。

的确,出国留学改变了很多人的人生,但你也不必为没有机会出国留学而丧神败志。李开复后来在《留学带给我的十件礼物》这篇文章里,说美国教育给他自信、信任、无私、实践、发现兴趣、平等、多元、研究精神等,但他也强调这"不是说不到美国就不可以得到这些东西,也不是说到了美国一定可以得到这些东西"。其实,美国的教育也有一大堆问题,我们换个角度,来看看苹果计算机创办人史帝夫·乔布斯的经验。

乔布斯是土生土长的美国人,但对他所受的教育却没有什么好感。上小学没多久，就因为和老师关系不好，而觉得"我自然发展出的好奇心，几乎被削减殆尽"。在读中学时，又因为学校频传暴力事件，让他日子过得十分痛苦。

至于大学，乔布斯原本是不想念大学的，但因为养父在领养时答应他的生母要让他念大学，所以坚持要他去念，而且念的是学费非常昂贵的里德学院（几乎花掉他养父母一生的积蓄）。但乔布斯读了半年，看不出有什么意义，就决定退学，而只去旁听几门课。一年多后就到一家电玩公司上班。

教育环境固然重要，但你会遇到什么老师和同学根本难以掌握，我想更具关键性的反而是父母的家教。譬如李开复的母亲规定，儿子每个礼拜一定要用中文写一封家书回家，而她总会一字一字地看，帮儿子找出错别字，并在回信中罗列出来，希望儿子改正。这样的习惯不仅能深化亲子关系，培养做事认真的态度，也让李开复在接受西方教育时能不忘本，继续加强他的中文说写能力，这跟他后来能成为微软与谷歌的中国代表，并透过笔锋带有感情的文章成为中国青年的导师可说密切相关。

乔布斯的养父则是手艺非常灵巧，不只从小就教导乔布斯如何自己动手去设计、完成各种小玩意，而且告诉他："把柜子和栅栏的背面制作好也十分重要，虽然这些地方人们通常看不到。"就是在养父的这种熏陶下，乔布斯很早就养成"把东西做到完美"的习惯，而它也再现于后来苹果公司的系列产品里，并成为成功的要素。

希望在好学校、到国外去接受更好的教育乃人之常情，但这

也不是人人都办得到的。其实，比是否出国留学、读什么学校、念什么科系更基本也更重要的是做事的态度——不管将来从事什么行业都需要的正面的工作态度。而它，主要来自父母的熏陶，这才是父母能给你的最宝贵的东西。

W上

南辕北辙，殊途同归

M：

很多到宜兰参观过兰阳博物馆的游客，都会好奇："到底是谁设计、建造了这样一座别开生面的博物馆？"他不是别人，正是第二位获得台湾最高文艺奖项的建筑师姚仁喜。

姚仁喜青少年时代最让人刮目相看的一件事是：建中毕业的他，联考分数可以进台大电机系，但他却选择了东海大学建筑系。会做这种选择，除了个人兴趣外，更关键的也许是父母给他充分的自由，并尊重他的选择。他说："从小，父母亲就不会控制我们要做什么不做什么。"

父母都喜欢阅读，每周固定会由行动书店送七八本日文杂志到家里来，姚仁喜从小就每天翻阅这些杂志，虽然看不懂文字，但那些图像却成了他最好的文化刺激与艺术熏陶。又因为他罹患气喘病，经常无法到学校去，而待在家里由母亲亲自教导，和母亲一起在家里看漫画书、故事书，结果反而学到更多。

母亲花很多心血在他身上，对他的照顾更是无微不至。在读大学时，向往美国嬉皮的他，写信给妈妈，说他想要一个嬉皮袋，长长的、坠流苏的，他妈妈什么也没问，立刻做了一个寄给他。姚仁喜后来说，就是母亲这种贴心的关爱与完全的信任，培养了

他的自信心，让他日后能自在无碍地发挥所长，不怕犯错，又懂得凡事要自己负责。

位于台中近郊的亚洲大学的现代美术馆，是姚仁喜和日本建筑大师安藤忠雄合作的作品。两人虽然同为建筑名家，也因合作而惺惺相惜，但他们的成长之路却截然不同。

安藤出生后就被过继到外公家，外公在他上小学不久就过世，而由外婆一手拉扯长大。靠卖杂货为生的外婆工作忙碌，根本无暇管教小孩，生性好动的安藤小时候喜欢和人吵架、打架，外婆处理的方式是在赶到现场后，二话不说，用一桶冷水泼到他身上，要他冷静下来。

个性独立又坚强的外婆不唠叨，也不在意他的学校成绩，但却要求他好汉做事好汉当，不要给人添麻烦。安藤说他少年时代有一次要动扁桃腺手术，心中惶恐不安，但外婆却视若无睹地说："自己走路去吧！"他只能怀着"悲壮决心"独自到医院去。但安藤说，这类经验却为他往后的人生带来莫大的帮助。

他对建筑的兴趣来自初中时代，但因没钱、成绩又差，根本无法上大学，而只能一边工作一边买建筑专业的书来自学，把大学建筑系学生花四年修完的课程，在一年内废寝忘食地读完，然后在二十二岁时，为自己安排了一人毕业旅行，环游日本，对各地建筑做了一趟巡礼。二十四岁时，更是用仅存的一点钱去欧洲观摩……如此这般，他才慢慢崭露头角，成了建筑名家。

要如何成为一个成功又快乐的建筑师？兴趣与能力很重要，自信很关键，家庭教育更是布局的先机，但你能从家长那里得到什么帮助？姚仁喜和安藤忠雄告诉我们的是两个截然不同的故事。所谓"条条大路通罗马"，不同的典范，让你看到更多的可能性。

W 上

玉不琢，不成器

M：

如果要人在成为顽石或钻石之间做一选择，那谁不想成为一颗钻石呢？但没有压力，就没有钻石。想要成为闪亮的钻石，不仅需要琢磨，更需要先承受压力，特别是来自父母的压力。

二〇一一年，年仅二十二岁的曾雅妮拿到澳洲高尔夫名人赛冠军，不仅成为世界排名第一的女子高球好手，而且拥有五座大满贯赛冠军，打破前世界球王泰格·伍兹二十四岁时的纪录。这两颗"钻石"都是压力下的产物。

曾雅妮的家境不错，父母都喜欢打高尔夫，她耳濡目染，五岁时就表露出对高尔夫的自发性兴趣，父母于是定制了一支小球杆给她，教她怎么打球。六岁时就参加生平第一场高尔夫比赛，令人刮目相看。但关键在于经商有成的曾爸爸决定把女儿"当企业去经营管理"。

八岁时曾爸爸就为她请了一位教练，每天到练习场练两小时，周末再到球场打九洞、十八洞。十二岁开始，每年暑假都出国参加比赛、培训，后来更在体能、挥杆、心理三方面都各请教练分别调教。曾爸爸对女儿的投资毫不手软，但要求也绝不心软。当曾雅妮打不好或态度散漫时，他就会逼问她甚至责骂她，给她压力。对此，曾爸爸自有逻辑："要给她压力，压力就是把她心脏养大的方法。"

也许是压力不小，正值叛逆期的曾雅妮，开始和爸爸顶嘴，十三岁时更是沉迷于台球厅，拒绝再打高尔夫。幸赖教练出面，好言开导，动之以情，才让她回心转意。其实，曾爸爸在日常生活上对女儿颇为贴心，譬如会亲自下厨，做女儿喜欢吃的蒜苗炒回锅肉，还费心制作少油爱心料理，帮女儿减肥。就在这种软硬兼施下，曾雅妮终于能微笑面对压力，把它当作一种享受。

就高球经验来说，泰格·伍兹比曾雅妮更早开窍，不到两岁就被同样是高尔夫球爱好者的父亲带到练球场练习，很快表现出他在这方面的天赋，八岁时即荣获九至十岁少年组的世界冠军，被誉为天才儿童。

身为混血黑人，伍兹爸爸的经济并不宽裕，儿子主要都由他亲自调教。所谓"球场如战场"，除了球技外，从越战退伍下来的伍兹爸爸特别以自身经验训练儿子如何在紧张的气氛中保持临危不乱、处变不惊的本事。

他对儿子的要求也相当严格，在训练过程中经常摔杆训斥，后来还自我调侃说："我把儿子气得想杀了我。"但就在儿子快要爆发时，他也会立刻变得柔软。当然，这一切都是爱之深责之切，直到有一天，儿子跟他一样微笑以对，不再抵制时，伍兹爸爸才松了一口气说："儿子，训练结束了。我敢保证，没有人会比你的意志更坚强了。"也因此，"泰山崩于前而色不变，麋鹿兴于左而目不瞬"就成了泰格在球场上的看家本领，更是他制胜的关键。

　　曾雅妮和泰格都是先展露对高尔夫的自发性兴趣后，父亲才随兴引导、因材施教的。但为什么要给儿女那么大的压力呢？曾爸爸说："你要比别人好，当然要比别人辛苦。"但万一吃了苦，却梦想落空呢？伍兹爸爸说："我的目标是培养泰格成为一个杰出的人。"其实，经过这样的磨炼，即使不打高尔夫，在其他领域也都能有不凡的表现。

　　如果你想成为钻石，那对父母给你的压力，你不仅不能抱怨，还要感谢。

Ｗ上

两首歌的弦外之音

M：

也许你听过一首歌，叫《听妈妈的话》，里面有一段歌词："长大后我开始明白，为什么我跑得比别人快，飞得比别人高？……妈妈的辛苦不让你看见，温暖的食谱在她心里面。有空就多多握握她的手，把手牵着一起梦游。"

歌是音乐才子周杰伦的创作，也是他个人的真诚告白。他借这首歌来表达他对母亲叶惠美的感谢和深爱，而叶惠美在初听这首歌时，也忍不住潸然泪下。

母子情深，但周杰伦对母亲的感念似乎特别深。他不仅是独子，而且在十四岁时，父母即因感情不和而离婚，当同侪还在享受家庭的温暖，开始为自己的人生编织梦想时，他就发出"爸爸妈妈彼此没有爱，难道这就是生命的真谛"的感叹。

这使得原本活泼、开朗的他变得孤僻、怯懦，不爱讲话，也不愿跟人交往。妈妈和外婆成了他在孤独无助中仅存的避风港与支柱。而妈妈看到他表现出对音乐的爱好与天分后，更是省吃俭用，让他去参加山叶幼儿音乐班，买钢琴、买提琴都毫不吝惜。

在中学时代，除了音乐外，周杰伦的其他学科成绩都不好，但妈妈认为这不是儿子笨，而是父母离婚让他受到伤害，无心

向学，她只能以更多的爱去弥补，所以她要求自己对儿子要做到"三不主义"：不唠叨、不指责、不胁迫。

年轻时代的周杰伦内向腼腆，不擅长与外人沟通，妈妈不想让他的音乐才华被埋没，就主动替他报名参加电视节目《超猛新人王》，更拿他创作的歌曲《梦有翅膀》去向吴宗宪毛遂自荐……妈妈成了他最好的公关。而周杰伦对此也是点滴在心头，所以一直说："只要妈妈高兴，我愿意为她付出一切！"

还有一首歌，叫《爸爸别说教》，里面有一段歌词："爸爸我知道你听了会不爽，因为你一直把我当成长不大的小女孩。但你现在应该知道，我已经不再是个孩子。你总是教我是非对错……我可能还太年轻，但我知道我在说什么。"

唱这首歌的是摇滚女王麦当娜，她借这首歌来表达她对父亲的不满和叛逆。成名后的麦当娜给人的感觉是惊世骇俗、离经叛道，其实，她小时候非常乖巧，母亲在她五岁时过世，这使麦当娜小小的心灵受到很大的打击。失去母爱的她，从小就渴望能得到父亲更多的关爱。

身为长女的麦当娜不只帮父亲操劳家务，在校成绩更是每科都拿 A，父亲也因此特别疼爱、赞美她。但好景不长，没过几年父亲再婚了，新妈妈就像闯入家里的"巫婆"，而她也开始对父亲感到不满和愤怒，变得日渐叛逆，只能借学舞蹈来发泄她的情绪，还因为行为乖张，在中学时代就赢得"婊子"的外号。她后来的离家出走，独自到纽约闯荡，都与此有关。

音乐，是周杰伦和麦当娜用来抚慰与抒发情绪的媒介，两首歌的内容虽然大不相同，但如果我们知道了两个人的成长历程，就能了解不管是对妈妈的感恩或是对爸爸的抱怨，其实都是在表达对美满家庭、温馨亲情的向往（原本对爸爸充满敌意和抱怨的麦当娜，在自己有了小孩后，也和她爸爸和解了）。

不管个人的际遇如何，大家迟早会醒悟，美满的家庭与温馨的亲情才是人间最可贵的。可叹的是，多数人却身在福中不知福，不懂得珍惜。

W 上

从对立中产生和谐

M：

　　每个人都有矛盾和冲突，有些人的矛盾和冲突似乎特别多，但如果能将它们整合成为一种更高的和谐，那就能散发出独特的魅力。

　　影星金城武，就具有这样的魅力。他出生于台北万华，父亲是第一个将养鳗技术引进我国台湾的日本人，母亲是中国台湾人，父亲在我国台湾和日本间来来去去，金城武小时候主要和妈妈、外婆生活在一起。

　　虽然会说一口流利的普通语，但邻居还是认为他是日本人；而在上日侨学校后，那些日本同学又说他是中国人；后来转读美国学校，身份又变得更加复杂。不管邻居还是同学，都不把他当"自己人"，这种认同混淆让他觉得很苦恼。

　　除了靠打球来发泄精力和苦闷外，家人是他最大的支柱。父亲虽然经常不在家，但一回来就会带全家人出去玩，而且也给他做人做事方面的指导，长大后更将他当朋友看待，这让金城武一直认为爸爸是"世界上最帅的人"。

　　更贴心的则是母亲。母亲不只把孩子、家庭放在首位，笃信佛教的她更是经常带着小金城武去拜佛。与妈妈一起礼佛的童年经验，不只让他的心灵获得宁静，也跟他日后到印度朝圣、皈依密宗，对影艺工作淡泊处之的态度密切相关。

但也许就是这种特殊的成长经验，造就了日后的金城武。外侨学校使他比别人更早具有国际观，能说中、日、英多种语言，虽然曾因认同混淆而变得比较内向、喜欢思考，但国际学校的自由开放，又使他不爱受管束、不太在意他人看法。金城武巧妙地结合这两者，形成他独特的风格与魅力。

美国前总统奥巴马的身世更为复杂：父亲是从肯尼亚来美国读书的黑人，母亲是美国中西部的白人。在他两岁时，父母离异，母亲又嫁给一位来自印度尼西亚的留学生。六岁时，他随母亲和继父到印度尼西亚生活了四年，然后被母亲送回夏威夷，受外公外婆照顾。在檀香山就读于一所只有三名黑人学生的私立学校。

奥巴马的种族矛盾比金城武要严重得多，他的迷惘与痛苦也更为剧烈，他在自传中坦承在中学时代，为了想将"我是谁"这个恼人的问题挤出大脑，他曾借吸食大麻和嗑药来麻醉自己。

母亲无疑是影响他最深的人。在印度尼西亚生活时，她就教导小小的奥巴马要有两种认同：一是要效法他的生父，"你的父亲是个了不起的肯尼亚黑人，他回到自己的土地，为族人而奋斗"。二是要认同美国文化，虽然没有钱供他读多数外国小孩上的国际学校，但一个星期有五天，她会在清晨四点钟就叫他起床，利用美国的函授课程教他英文和认识美国文化，然后再去上学。

虽然在中学时代难免迷惘与痛苦，但奥巴马最后还是靠母亲的教诲与提醒，穿越荆棘与迷雾，化阻力为助力，走出一条光明

大道。他的成功就像他在第一次竞选美国总统时喊出的口号："重新联合分裂的美国社会。"他消弭自己身上看似彼此冲突、矛盾的成分，将黑人与美国文化融合成一个更高的和谐体。

而金城武岂非亦是如此？其实，每个人身上多多少少都有一些矛盾、冲突，庸人为此感到迷惘，但聪明人却能将原先的危疑转化成他人难以拥有的机会，就像亚里士多德所说："用对立的东西制造和谐。"

W 上

火集

下马饮君酒

让明日的太阳照常升起

M：

你说，昨夜你的情绪又陷入低潮，退潮后的心海裸露出那底层的杂草和污泥。一些被你活埋下去的往事又都从坟墓中一一苏醒过来，它们让你想起自己曾经有过的幼稚、愚昧、不幸、失望与痛苦。

在哀伤与追悔中，你说你的未来就像眼前那凄凉的夜色，都被抹上一层黯淡的色彩，让你万念俱灰。

对你的苦闷，我有太多同情的了解，因为我也曾经像你这样哀伤与追悔过，但我希望你不要那么落寞地走进凄凉的夜色中。每个人都有情绪陷入低潮的时候，也许是因为一次考试的失利、某个人冷漠的眼色、在寒风中颤抖的落叶、自己头上冒出来的一根白发，甚至莫名其妙地，我们的心灵就会突然被一股黑暗的力量所占领，感到沮丧，将一切负面的情绪都指向自己，觉得自己的人生失去了意义，一切的努力都只是徒劳。

你可以说这是"忧郁"，但我觉得它更像"精神感冒"。

美国总统林肯是个意志坚强的人，但他从年轻时代起，情绪即经常陷入低潮，而不敢像当时的年轻人般随身携带小刀，因为担心自己一时想不开，而以小刀自戕。英国首相丘吉尔是个乐观的人，但他说他的心中有"一只黑狗"，经常冒出来咬啮着他，而使他忽然满怀愁绪，觉得一切失去了意义。到非洲从事医疗传道的施韦泽，他那坚强、乐观的意志也曾经"伤风"过，他曾感叹："来到这野蛮人的地方，我是多么愚蠢啊！"

即使再乐观、再坚强的人，也都有情绪低落、意志伤风、精神感冒的时候。它没有什么特效药，通常几天就会自行复原。而年轻，其实就是治疗"精神感冒"最好的"伤风克"。

《卡拉马助夫兄弟们》中的伊凡，是个虚无主义者。但他说："即使我不信生命，即使我对心爱的女人失望，即使我遭遇了人类失望的一切恐怖的打击，我到底还愿意生活。既然俯伏在这个酒杯上面，在没有完全将它饮尽以前，是不愿意离开的。在三十岁以前，我深信我的青春将战胜一切。"

在落寞地走进凄凉的夜色中后，你应该有这样的体认。凄凉与苦闷只是暂时的，它们甚至只是青春的一种调剂。

海明威的第一本小说集，原被出版商命名为《失落的一代》，但海明威不喜欢，又将它改为《太阳照常升起》。因为失落代表生命力的受挫，年轻的海明威认为即使有失落，那也是暂时性的，他坚信经过一夜的休养，生命便又会如太阳般升起，照耀大地，融化夜里的烦恼、痛苦和悲怆。

青春，是生命的旭日。每个年轻人的心中都有一颗太阳，你应该用它来温暖你的心灵，照耀你的天地。就像歌德所说："阳光照射之处，连脏东西也会闪闪发光。"好好睡个觉，让你心中的太阳在明日依旧升起，融化你心中的黑狗，照耀你眼前的大地吧！

W 上

从黑暗中看到光明

M：

虽然我们的意志难免伤风，精神也时而感冒。但如果你能增强自己的抵抗力，则不仅可以避免并发更难缠的"精神肺炎"，而且可以减少这种"精神感冒"侵袭的次数。

如何增加对"精神感冒"的抵抗力？方法也许有千百种，但首先，你应该调整自己观看问题的角度和心态。

小说家狄更斯在《双城记》里说："这是一个黑暗的时代，但也是一个光明的时代。"黑暗与光明正是宇宙和人生的"双城"，一体的两面。我的意思不是劝你多看光明面，少看黑暗面，而是我们必须了解，黑暗与光明是折叠在一起，无尽缠连的，关键在于你要从哪个点切入，去拆开它们。是从光明中看到黑暗呢？还是从黑暗中看到光明？

有一个故事说：某家鞋厂想开拓市场，派两名业务员到某个落后地区考察，甲业务员回来，悲观地说："那里没有市场，因为当地人都不穿鞋子。"但乙业务员却乐观地说："那里有很大的市场，因为当地人都还没有穿鞋子。"

两名业务员面对的其实是同样的情境，但不同的观察角度却可以让人产生截然不同的结论和心情。

李远哲在衣锦还乡后，和国内的年轻学子座谈，有人问他觉得台湾教育的优点和缺点是什么？李远哲回答说："优点和缺点往往是事情的两面。"他举了两个例子：

在师资方面，如果老师教不好，无法解答你的疑问，这当然是缺点；但如果因为老师教不好，而能促使你自己好好努力，或和同学一起研讨的话，这就变成优点了。我在前面已提过，他当年在台大念书时，就因为师资欠佳，而自行利用暑假和晚上的时间，分别和化学系及物理系的学长一起研读热力学和原子物理学，轮流讲解、相互讨论，结果反而让他获益良多。

在设备方面，仪器和设备不如人，当然也是缺点，但如果能因此而自己动手准备，那也会变成优点。李远哲说，他在台湾"清华大学"念研究所时，仪器和设备都相当简陋，连真空玻璃塞都没有，必须自己到玻璃工厂"磨呀磨的"，为了准备器材，花了很多时间，吃了很多苦。但他说这反而是很好的训练，后来他到美国做研究工作，很多教授夸奖他"不怕吃苦"，不怕苦的原因是他在家乡已吃了更多的苦，美国人讲的苦，其实一点也不苦。

古今中外，能成就大事业者，大抵都是能从黑暗中看到光明，从缺点中看到优点，从不幸中看到欢乐，从无望中看到希望的人。乐观者在每个灾难中看到机会，而悲观者则在每个机会里看到灾难。一个人的乐观或悲观并非天生，它们主要来自学习，甚至是一种选择。

当你情绪陷入低潮的时候，如果能学习、选择从乐观的角度来看自己和周遭的一切，那不仅心情会好一点，而且能重燃希望。

W 上

玫瑰与刺

M：

记得有一位诗人说："世人常因玫瑰多刺而抱怨上苍，却少有人因刺上长有玫瑰而感谢造物主。"玫瑰与刺，就像黑暗与光明、美满与不幸、优点和缺点，原是一体的，你是要怨还是要谢，要悲还是要欣，关键在于你怎么看。

从某个角度来看，出身于贫寒的家庭，似乎是天大的不幸。的确也有不少人抱怨，如果他们不是家境清寒，在成长过程中，缺少中上家庭子弟的有利条件，输在起跑点，那他们就会有比今天更好的成就。

但有些人却不这么认为。譬如舞蹈家邓肯虽出身贫寒，但她却说："我童年的时候，母亲很穷，我觉得这对我来说是一种好运。因为她雇不起保姆或用人，而使我的童年能过着自由自在的生活。"

她年纪轻轻，就和姐姐在旧金山教舞维生，也因此经常出入于有钱人的家庭，但她说："我对那些人家的小孩，一点都不嫉妒，反而只有同情。我觉得他们的生活狭隘刻板，我和他们比起来，有着人生各方面有价值的阅历，比他们要富有千百倍。"

美国的钢铁大王卡内基亦是贫寒出身，在他小时候，"家里每周六都会收集、统计全家的收入，然后再决定怎么花用。赚到的每一块美金，都要用在全家人的血和肉上"。他小小年纪，就为了全家人的血和肉外出工作。

在成为亿万富翁后，他说："贫寒子弟和富家子弟相较，老天爷赐给贫寒子弟的是无价之宝。"所谓"无价之宝"就是因贫困而养成的勤勉和刻苦耐劳的精神，它是多少钱都买不到的，但却是一个人成功的关键。

《堂吉诃德》是西班牙作家塞万提斯的代表作，但这部脍炙人口的梦幻英雄小说却是他在被囚禁于马德里监狱中时完成的。在监狱里，塞万提斯心情郁闷，只好寄情于写作，打发时间。但处境窘困的他，后来连买纸的钱都没有，而不得不以皮革权充稿纸。

当时，有好心人士劝一位富有的西班牙人接济塞万提斯，但这位富翁却意味深长地说："上帝不允许我去接济他的生活，因为只有让他处于贫困之中，才能使世界变得丰富。"

贫困是刺，各式各样的逆境都是刺。有人认为这些刺是造成自己不幸与痛苦的根源，而心生怨怼，但有人却欢迎、珍惜这些刺，因为他们知道，唯有从这些刺出发，他们才能迈向玫瑰之路。

这不是堂吉诃德式的梦幻，而是一种积极、健康的生命态度。人生多荆棘，就像玫瑰多刺，我们不仅要学习从刺上看到玫瑰，从而感谢造物主，更要从刺出发，走出荆棘，迈向玫瑰之路。

W 上

失败者的觉醒

M：

何必为一次小小的失败而沮丧？失败并不可怕，可怕的是因失败而丧志，无法从失败中汲取教训，那就会导致再次的失败、永远的失败。

王赣骏是第一个登上太空的中国人——一九八五年搭乘"挑战者"号航天飞机，在太空进行物理实验，那是他生命中最光辉灿烂的一刻。但他却有过一次惨痛的失败经验——在台湾念师大附中时，因为心浮气躁再加上贪玩，在大学联考时居然惨遭滑铁卢，榜上无名。

虽然父亲并未责备他，反而要他继承船公司的衣钵，上船工作。但王赣骏说，名落孙山让他产生了"失败者的觉醒"——痛心检讨自己，花很多心思去想如何扳回颓势，最后"终于认定，没考上大学，也必须向自己证明，我有读大学的能力"。他暂时接受父亲的安排，到船公司做事，在香港买了一本原文的大学微积分，船靠洛杉矶时，又买了一本大学基础物理，"我要证明我也念得来"，他每天花八个小时查英文单词，苦读这两本书。

虽然说不上悬梁刺股，但"失败者的觉醒"使他意志坚定，全靠自修读完这两本教科书，做完书中所有的习题。一年后，他申请进入加州大学洛杉矶分校主修物理，因为那一年的自修苦读，他的数理成绩不但不落人后，反而名列前茅，读完第一学期就拿到全额奖学金。离开加大后，他进入美国国家航空航天局喷气推进实验室工作，终于成为第一个登上太空的中国人。

塞翁失马，焉知非福？重要的是，你必须有这种"失败者的觉醒"。

有时候，"跌倒了再爬起来"比"没有跌倒"更值得珍惜，也更令人怀念。旅日棒球名将王贞治，在二十二年的棒球生涯中，共击出八百六十八个全垒打。在这么多全垒打中，他说他最怀念、印象最深刻的是一九七〇年在长期的打击不振后，让他一扫阴霾的那个全垒打。"那是我八百六十八个全垒打中唯一一令我欣然落泪的一个，沾满我喜悦泪水的全垒打！"

一九七〇年球季的后半期，王贞治一再出场，一再被三振或接杀。他掉进难以自拔的挫折深渊里。为了重新站起来，他在随身携带的笔记簿里提出检讨："你是日本最好的选手吧！可是你的行事与别人一样，怎能算是最好的呢？你想成为不必拿出证明的最佳球员吗？"于是他决定更勤奋地练习。

九月十五日这一天，在甲子园对抗阪神队，他出场三次还是都被三振，但到第四次出场，在两个好球没打中后，面对投手投出来的一个好球，他使劲挥棒，终于听到久违而悦耳的"锵"的一声，他击出了让巨人队反败为胜、三分打点的全垒打！努力没有白费，他边跑垒边流下喜悦的泪水。

几乎每个成功的人，都曾经失败过。所谓"如何迈向成功之

路",有一大半其实是"如何面对失败之道"。

　　没有挫折的人生,就像没有波浪的海洋,缺乏挑战性,难以给人乘风破浪的刺激和成就感。既然挫折不能免,那就应该以积极的态度来面对它,让失败产生觉醒,从什么地方跌倒,就从什么地方爬起来。即使没有当场流下欣喜的泪水,有一天,你回顾来时路,也将发现那是最值得珍惜与怀念的经验。

W 上

在改变与接纳之间

M：

成长意味着改变，而自我追寻也是想让自己能跟现在不一样。你说你很想改变，但却发现很多事情根本难以改变，结果反而产生更大的挫折感。

其实，有些事是可以改变的，譬如你的将来，你应该以勇气和希望去创造它；有些事是不可改变的，譬如你的过去，那你就应该心平气和地接纳它。不少人一再追悔他的过去，说什么"如果人生能够重来一遍，那我就将如何如何"，但人生根本不可能重来，这样说只是徒增懊恼而已。

我们必须有智慧去区分什么是可以改变的，什么是不可以改变的。譬如你的身高，在你成年后，它就不可改变，但你对你身高的看法却可以改变。有的人因身材矮小而自卑，有的人却一点也不在意，就像埃利诺·罗斯福所说："除非你自己愿意，否则没有人能让你自卑。"

有的人为自己身材高大而扬扬得意，林肯是身材高大的人（身高一米九〇），有人问他："一个人的腿要多长比较好？"林肯却回答说："以能碰到地面最为理想。"

人生在世，重要的是要做个脚踏实地的人。对于自己在身体

方面某些不如人的缺陷，我们应该心平气和地接纳它们，不必太在意，更不要刻意地去掩饰或否认。因为你越在意、越掩饰、越否认、越担心别人注意你的缺陷，就越会陷入难以自拔的自卑与痛苦的深渊，就好像失眠的人，越想赶快入睡，结果就越睡不着。

当然，我的意思不是说，一个人因自己在某些方面不如人而感到自卑是不对的，而是我们不能只停留在自卑、自怨、自怜、自恨、自弃之中，而必须有所超越。

对可以改变的缺陷，要想办法去克服它。像原来口吃的戴蒙斯·赛因斯，凭着自己的意志和努力，后来成为一个伟大的雄辩家。对不可改变的缺陷，则要发挥其他方面的长处来弥补它，譬如英国的史蒂芬·霍金是个罹患肌肉萎缩性侧索硬化的重度残障者，需整天与轮椅为伍，但他发挥他在智力方面的长处，成为一个杰出的理论物理学家，是当今有关宇宙黑洞理论的权威。

霍金说："我无法欣赏为残障者所举办的奥林匹克运动会。理由很简单，因为我从未喜欢过任何运动。"他自在地接纳他无法改变的缺陷，不去做没有多大意义的掩饰和否定。更不会为了想证明跟正常人一样，而花很多时间和心力去征服高山，他宁可做自己喜欢与擅长的事。

没有一个人是十全十美的，你应该安详地接纳自己无法改变的不完美部分，这样，你才能拥有一个完整的自我。

更重要的是，如果连你都不愿意接纳自己，那你怎能希望别人接纳你呢？

W 上

蛤蟆的油

M：

　　日本知名导演黑泽明的自传用了一个奇怪的书名：《蛤蟆的油》。它来自日本的一则民间传说：

　　从前，有一位医生，抓到一只蛤蟆。寻常蛤蟆已经够丑陋了，但这只蛤蟆却比所有蛤蟆都更丑陋，因为它长有四只前脚、六只后脚。医生将蛤蟆装进一个玻璃箱内，蛤蟆从有如镜面的玻璃中，第一次看到自己丑陋的形象，吓得挤出一身油来。医生收取这些油，用来治疗病人的烧烫割伤，据说具有奇效。

　　黑泽明大概是认为他在回顾自己的一生时，就像传说中的蛤蟆，看到不少自觉丑陋、惊悚、不堪的经历，而全身"冒汗"，但他既不掩饰，也不回避，他希望他的人生能像"蛤蟆的油"般，医治读者心灵的伤痛。

　　在黑泽明十二岁时，日本发生惨绝人寰的关东大地震。他们一家人虽然幸免于难，但他每天都活在恐惧之中。有一天，他哥哥拉着他到废墟中去"远足"。沿途的景象直如人间地狱，让黑泽明触目惊心，在看到漂流在河上的成堆尸体时，他忍不住把眼睛移开，但他哥哥却逼他"睁大你的眼睛仔细看清楚"！

　　黑泽明说，在无法回避地目睹那些令他感到恐惧、恶心的景

象后，很奇怪，他心里反而逐渐有一种宁静的感觉，而当天晚上，也难得地有一个香甜的、不再做噩梦的睡眠。

他感到迷惑不解。哥哥告诉他："面对可怕的事情时，把眼睛闭起来，才会觉得害怕。只要我们勇敢地面对它，仔细观察，就没有什么好怕的了。"

没有一个人是绝对安详的，我们总是会有一些恐惧、忧虑的事。也没有一个人是完美的，我们难免做过一些让自己感到难堪、羞愧或丑陋的事。只要它们一浮出心灵地表，我们就会觉得不自在，因此，多数人都对它们采取了"四不政策"：不想、不看、不听、不谈。但这只是在掩饰和回避问题。

甘地在他的自传里，提到不少他年轻时代做过的荒唐事，除了违背宗教戒律偷吃肉外，还包括偷吸烟、偷窃、嫖妓（和朋友去妓馆，连账都付了，但因太吃惊而逃离）等，以及结婚后（他十三岁就结婚）如何沉迷于肉欲，而疏忽了照顾病重父亲的职责等。

这些原都是让人极感难堪、羞愧，而亟欲掩饰、否认的事，但甘地却毫不回避地正视它们，并因为这种正视而使他有所警惕，最后终于成为一个"最接近完美的人"。

对于各种让我们感到恐惧、忧虑、难堪、羞愧、惊悚的事件，你若不敢面对它们，你的恐惧、忧虑、难堪、羞愧、惊悚就永远不会消失，一再地压抑，只是让它们获得更多的能量而已。但如果你能坦然地面对它们，虽然刚开始时会觉得不自在，甚至会惊吓或难过得"挤出一身油"来，但这些油却能医治你生命的"烧烫割伤"，让你重获心灵的平静，没有负担地重新出发。

W 上

痛苦没有特别的权利

M：

　　"人生不如意事十有八九。"这句话可能有些夸张，但即使人生是苦多于乐，我劝你还是不要强说愁，更不要自矜悲苦，说自己有多不幸、多可怜！

　　每当听到或看到有人以夸张的方式表示他是多么痛苦时，我就想起德国小说家托马斯·曼写的《魔山》。在这部小说里，托马斯·曼别具慧眼，描述了人间的一个迷离景象：

　　在某个肺病疗养院里，病人不是根据他们的家世背景来划分等级，而是依病情的严重性来决定地位。垂死的病人因所受的痛苦最深，就好像古时候的贵族，享有某些特权，受到其他病人的礼敬和医护人员的重视；而病情轻微的病人，即使是来自高尚的家庭，但因所受的痛苦不多，在这里的地位也就变得微不足道，乏人理睬。

　　有时候，一些症状轻微的病人，为了克服自己的无价值感，获得医护人员及其他病友的重视和关爱，而不得不夸张病情，猛力抚胸咳嗽，以表示自己是"多么痛苦""多么可怜"。

　　这不是小说家的向壁虚构，而是托马斯·曼在妻子因肺结核住院疗养时，经常去探病的观察所得。曾经在医院工作过的人，

火集　下马饮君酒

135

多少也都能有所体会。在人生的旅途中，每个人都难免会遭遇各种打击，而使身心蒙受痛苦，但如果一个人只能以他所受的痛苦来显示他的价值或意义，那实在是双重的悲哀。

有一则犹太人的神话说：每隔一段时间，当审判日来临时，每个人都会被请到一棵巨大的"悲伤树"下，将他一生所受的不幸与不公不义、灾难和痛苦、各种让他感到悲伤的事，写于白布条，挂在枝枒上。

然后，每个人也被邀请环绕悲伤树数圈，做个巡礼，看看别人挂在树上的、让他们感到痛苦难过的各种伤心事。当天，神祇特别恩准，在各种不幸和悲伤中，每个人都可以重新选择自己觉得比较能够忍受的几种。

结果，据说每个人最后所选的还是自己有过的不幸和悲伤经验。因为大家发现，每个人原来都有他们各自的悲伤和痛苦，既然悲伤与痛苦不可避免，那么自己经历过的悲伤与痛苦，总是较容易忍受。

每个人都有他的不幸和痛苦，不要以为你比别人更不幸、更痛苦，更不要以为你既然这样不幸和痛苦，所以就有权利耍赖、自暴自弃或要求别人善待、迁就你。痛苦的人，不仅如尼采所说"没有悲观的权利"，更"没有特别的权利"，因为每个人都有他们各自的痛苦。

出生是一种痛苦，死亡是一种痛苦，成长是一种痛苦，失恋是一种痛苦，甚至熬夜准备考试也是一种痛苦。痛苦的确无所不在，但就像诗人所说："世界必须阵痛，卑微的花儿始得开放。"

生命的任何变动都隐含了痛苦，但除非你自认为是个"病人"，需要对方的同情，或把他当作能治疗你的"医师"，否则不必在人前喃喃诉说你是多么痛苦。

对于生命中的各种不幸、悲伤和痛苦，我们需要的是勇敢面对、平静化解、愉快改变它们的能力。

W 上

乐在工作：石匠、裁缝与上帝

M：

很多人都曾经渴望能够从事伟大而高贵的工作，但到头来，绝大多数所做的却都只是卑微而无聊的工作，而你很可能就是其中之一。一想到这点，难免会让人心灰意懒，觉得很沮丧。

有句俗语说："职业无贵贱。"很多人认为它只是用来安慰弱势者，不能当真。在一些客观指标的衡量下，清洁工的确比医师来得卑微，但同样重要的是自己主观的看法，某个清洁工可能比某一个医师更满意于自己的工作。

意大利学者告诉我们他的一个经验：某天他在罗马街头漫步时，看到一座正在兴建中的大教堂，有一群石匠在工地里敲打石块。这种工作既卑微、单调，又吃力。他走过去和他们攀谈。

第一个石匠一脸沮丧地说："我每天都在重复这种单调而又吃力的工作，看来是要干一辈子，做到死为止了。"

第二个石匠露出淡淡的笑容说："工作虽然辛苦了点，但幸好有这份工作能够让我养家糊口，领了工钱回家，看到全家人衣食无忧，和乐融融，再怎么辛苦也是值得的。"

第三位石匠一脸兴奋地说："工作既辛苦又单调没错，但一想到自己居然能够参与建造这座宏伟大教堂的神圣任务，我就感到无比的荣幸。"

一份工作，你可以满腹牢骚地做，也可以心花怒放地做。要怎么做，全看自己的心情。同样是在敲打石块，但因三个石匠赋予工作的意义不同，而使他们在工作时的心情截然不同。

没有无趣的工作，只有无趣的人。没有平凡而卑微的工作，只有平凡而卑微的观点。你对工作抱持什么样的看法，比工作本身更加重要。所有的工作，不管看起来多么卑微，都是在对他人、社会、国家和历史做出贡献，只要你能对自己的工作采取诸如此类的肯定看法，赋予它薪水之外的价值和意义，那你就能从中获得成就感，而且工作得更愉快。

要如何看待你的工作，取决于你自己。有个故事说：某人听说有位裁缝的手艺不错，于是去定做了两条西装裤，但却等了一个月才拿到裤子。裤子虽然做得不错，他还是忍不住向裁缝抱怨："上帝只花了六天就创造了世界，你做两条裤子却花了一个月！"裁缝眉毛一扬，摸摸裤子，骄傲地说："但是你瞧瞧，上帝所创造的世界乱成什么样子，怎么能跟我做的裤子相比！"

不管你是做什么的，每个工作者都有他的尊严与美德。上帝的尊严与美德是把世界安排好，裁缝的尊严与美德是把裤子做好。只要你认真做好自己分内的工作，那你就可以为此感到自豪，和裁缝一样认为自己的工作不仅不逊于上帝，而且还做得比上帝好。

人活着，就是要工作。重要的不是你从事什么工作，而是你

要热爱自己的工作，看重自己的工作，赋予工作特别的意义和尊严。生命的智慧、幸福的奥秘就在于如何以伟大而高贵的心情去从事看似平凡而卑微的工作。

W 上

用欢笑拥抱你的命运吧！

M：

　　没有人是十全十美的，每一个人多少都有一些毛病、缺陷或不足之处。当它们无法改变时，接纳不失为明智之举，但接纳绝非无可奈何、不得已、消极的接纳。前面提到美国的林肯总统，一方面，他长得非常高大，但并不以此为傲，另一方面，他长得很丑，却也不以此为羞，而且还喜欢拿自己的丑脸来开玩笑。

　　必须经常抛头露面的他，有一次，在对群众演讲时，说了下面这个笑话：某天，他在森林里散步时，遇到一个老妇人。老妇人一看到他，就说："你怎么长得这么丑？你是我见过最丑的人！"林肯无奈地说："我这是身不由己呀！"但老妇人却不以为然："你这样就错了，至少你可以待在家里不要出门呀！"大家听了哄堂大笑。

　　还有一次，一位政治上的敌手公开批评他有"两张脸"，暗讽他表里不一。林肯回答说："如果我有两张脸，那我一定不会戴上这一张。"大家听了，都不禁莞尔。他拿自己的容貌来自我调侃，轻松化解了政敌对他的恶意批评。

　　林肯可能是美国有史以来最丑的总统，但也可能是最伟大的总统。他不仅以轻松的态度来看待自己的丑脸，对嘲笑他丑的人

也不会心存芥蒂。譬如有位斯坦顿律师，公开嘲笑林肯是只"笨拙的长臂猿"。林肯当选总统后，斯坦顿依然嘲笑他是"非洲大猩猩"，说他根本没有能力管理政府，应该被推翻。但后来，林肯却任命斯坦顿为战争部长——因为他认为斯坦顿是最适合的人选。斯坦顿由是感激，尽力工作，变得非常尊敬林肯，并改称他为"最完美的统治者"。

有些人因自己长得丑、矮或胖而自卑，很在意别人的看法，但越在意就越暴露自己的可怜相。一个坚强而又充满信心的人，不仅能轻松面对自己的短处，而且还会抢先开自己的玩笑。因为他知道"嘲笑自己的人，别人不会嘲笑他"。

一九九八年，有位日本人出版他的自传，七个月内就创下销售三百八十万本的超人气纪录，但作者既非当红影歌星，亦非商业巨子或政治人物，而是一个名叫乙武洋匡的重度残障者。自传的书名叫《五体不满足》，因为他罹患原因不明的"先天性四肢切断症"，一出生就没手没脚。在自传里，乙武洋匡用一种非常开朗、风趣的笔调描述他从出生、上幼儿园、小学、中学到早稻田大学的种种乐事，让人读后不是为之鼻酸，而是拍案叫好！

乙武洋匡的乐观来自他母亲，当母亲在第一眼看到她生的婴儿居然没手没脚时，脱口而出的一句话竟是："好可爱啊！"这种以喜悦的心情来面对残酷命运的做法，改变了乙武洋匡未来人生的命运。

母亲觉得没有必要把她可爱的孩子藏起来，她带他到处走动，从幼儿园起就跟正常小孩读一样的学校，跟同学玩在一起，甚至还参加篮球队。乙武洋匡说，残障并非缺陷，而是特征，有时候还能成为一种专长。他像他母亲一样，心怀感恩，热爱他的命运，"奇妙的身体，是上天送给我最有创意的礼物"。

如果你认为命运残酷无情，那么战胜它的最佳武器就是张开双臂，发出开朗的笑声，热情拥抱它。

W 上

是寂寞，不是孤独

M：

你说你有时候孤独得像一只鼹鼠，不得不逃离如黑洞般的斗室，游走到台北东区热闹的街市与喧哗的人潮中，想分享一些欢乐，结果却总是陷入更深的孤独里。

我能体会你这种心情和行为，但我想你感受到的主要是寂寞，而不是孤独。我们有必要区分这两者：孤独是一种物理状态，而寂寞则是一种心理状态。很多动物是孤独的，像你所说的鼹鼠，但并不会感到寂寞；不少婴儿是孤独的，但也不会觉得寂寞。只有具备自我意识，能意识到自己存在的生物，才会有寂寞的体验。

孤独只是分离的个体，而寂寞则是意识的孤岛，意识缺乏投注的对象，无依无靠。令你痛苦的是寂寞，而不是孤独。

我们的老祖宗说"君子慎独"，自古以来，孤独一直被认为是让人戒慎恐惧的暧昧状态，但我想替孤独说几句话。人总是会有孤独的时刻，但有些人虽然孤独，却并不寂寞。陈子昂登幽州台时，"前不见古人，后不见来者，念天地之悠悠，独怆然而涕下"。这是他寂寞的心声，因为他与周遭的一切缺乏存在的共享，隐居的庄子自觉"天地与我并生，万物与我为一"。他虽然孤独，但却一点也不寂寞。

因想逃离孤独而一再地往缺乏存在共享的人群中跑，乃是因为意识的懒惰与执拗。并非只有他人才是我们意识的对象，唯有将焦渴的眼神从陌生的人群挪开，你才会发现天上的星辰、海中的鱼、路边的花草、桌上的书本，甚至实验室里的机器，无一不是亟待你去认识、了解与分享的对象。

就更积极的意义来说，孤独，其实代表着自由，一种暂时从他人与社会习俗的束缚中解脱出来的自由。有些人不仅渴望有孤独的时间和空间，甚至因孤独而成就他们的伟大。孤独对他们来说，乃是生命中最珍贵的时刻。在科学界，华兹华斯说牛顿"永远孤独地航行在陌生的海洋中"，而爱因斯坦则坦承："我是一匹独缰的马，我无法和其他马拴在一起工作。"在艺术界，音乐家瓦格纳说："与世隔绝和完全的孤独是我唯一的慰藉和救赎。"而文学家歌德则说得更绝："除非是绝对孤独，否则我根本无法写任何东西。"

他们都孤独而不寂寞，因为他们的意识有着热情的投注对象。在无人打扰的孤独中，他们心无旁骛地完成伟大的工作。

寂寞是被动的，它让我们觉得无所归属，求人施舍而又被人摒弃，但孤独却可以是主动的，是我们认识另一世界，体验另一种喜悦的契机。与其因恐惧孤独而陷入寂寞的泥沼中，不如化被动为主动，积极地拥抱孤独。

W 上

海内存知己

山集

生命需要情感滋润

M：

如果你觉得生命空虚，那可能有两个原因：一是你的人生缺乏浪漫的理想，二是你的生命缺乏情感的滋润。

苏东坡说："无肉令人瘦，无竹令人俗。"浪漫的理想就好像"竹"，没有了它，会让生命显得庸俗，而感情的滋润就好比"肉"，没有了它，会让生命干枯。虽然表面上看起来，"竹"比"肉"要来得高雅，但要说生命的丰盈，"肉"比"竹"恐怕更来得重要。

孤独虽然必要，但不管你是孤独地思考、读书、工作或倾听自己，都无法让你获得情感的滋润，因为情感的滋润来自他人。我们只有和他人交流情感并彼此滋润，才能真正免除"生之寂寞"。

存在主义哲学家雅斯贝尔斯说："我们只存在于与别人的交感里。"人只有从他和他人所建立的情感关系中，才能看出自己存在的意义。如果一个人没有亲情、友情、爱情，和他人没有任何情感的瓜葛，那他等于不存在。

物理学家泰勒曾说："我不是氢弹之父，我是两个孩子的父亲。"这句话正是这个意思。因为他不能和冷冰冰的氢弹"交感"，却能和他的两个孩子有情感的交流，而使他的生命充满温暖。

要实现浪漫的理想，有赖于你的聪明才智、意志和努力，但要获得情感的滋润，却需要你对他人有同理心，有付出和接受关怀、亲密和爱的能力。它们就像人脑的左右半球、鸟的双翼，一个完整的自我追寻，应该同时包含这两者。

情感的滋润是相互的，绝非单向的灌输或剥削，要与他人有真诚的情感交流，我们必须先调整对自己和他人的看法。就像弗雷德曼所说："我们都是人，就某种程度而言，那是由于我们互相礼貌地将对方看成人。"我们不能将别人涵摄在自我的功能里，将对方视为自己实现自我的材料或工具。

如果不与他人发生关系，我们根本就不需要发现自我，但在发现自我的同时，我们亦需发现他人的自我。只有两个自我彼此向对方开放，我们才能彼此滋润，让生命更充盈、更温暖。

有一则寓言说，某人在另一个世界里遇到了上帝，上帝决定带他去参观神国的领域。他们先来到一个很大的房间，里面有很多人围坐在一个很大的锅四周，锅里传出阵阵的炖肉香，但每个人的表情却都很沮丧，因为每个人手里都拿着一根把柄很长的汤匙，从锅里舀出来的肉根本放不进自己的嘴里，结果大家都愁眉苦脸。上帝对那个人说："这就是地狱。"

然后，他们又来到另一个很大的房间，同样有很多人围坐在一个很大的炖肉锅边，每个人手里也都拿着一根长柄汤匙，但大家的脸上都露出快乐的笑容，显得十分满足。因为每个人将自己舀出来的肉送到对方的嘴里，他们因彼此喂食，而得到无比的满

足。上帝对那个人说:"这就是天堂。"

如果大家只想到自己,不跟别人交流情感、互通有无,那就会因"情感饥渴"而死。只要我们敞开胸怀,彼此以情感滋润对方、喂养对方,那就会如同置身于天堂之中。

W 上

虫洞书简

莫做空心树

M：

人非草木，孰能无情？但我们的文化却在有意无意间，教导我们要压抑自己的感情，应该"逢人只说三分话，莫要全抛一片心"，应该"泰山崩于前而色不变，麋鹿兴于左而目不瞬"。结果，多数人都不轻易流露他们的感情。

有一则《空心树》的寓言说：从前，在森林里有一棵树，挺立于众树之中。对别的树来说，它是非常健壮，但也是非常疏远的。因为任何狂风都无法使它的树枝弯曲，拂向周遭的树。但这棵外表坚毅的树，内心其实非常悲哀寂寞，因为它的树干是中空的，因为怕被人家看到中空的树心，它只能长久保持坚挺，结果它无比倦怠。

有一天，在松懈中，一阵暴风雨来袭，它遂被拉出地面。在砰然倒地之时，它那中空的树心终于暴露出来，无处遮掩。众树哗然，不知该礼貌地回避，还是趋前抚慰。这棵树原先感到羞愧、愤慨，但后来它看开了，情愿赤裸地躺在那里，将自己空虚的内里朝太阳、风和雨开放。于是，在阳光的照耀和雨水的滋润下，它扎下了新根，长出了新芽，成为一棵和众树共舞合唱的新树。此后，不论白天或黑夜，它都觉得充满了爱和

欢乐。

很多人都像这棵空心树，有着硬酷而冷漠的外表，其实那只是在掩饰内心的空虚和脆弱。他们虽渴望爱与友谊，却不敢表白，因为他们担心这样会被认为是多愁善感或不成熟；不敢敞开心胸与人交往，因为他们害怕会遭到拒绝；不敢在人前暴露内心最隐密与最脆弱的部分，因为唯恐遭到对方耻笑或被对方看不起。

但这种自我防卫性的冷淡，却使他们永远交不到朋友，永远得不到别人情感的滋润。

你要获得别人情感的滋润，必须先敞开自己。如果你像空心树，把自己包裹在层层的心理甲胄里，即使别人想滋润你，也不得其孔而入。其实，就像这则寓言所显示的，当你解除心理的甲胄，敞开胸怀，不怕曝露自己的空虚和脆弱时，反而能得到自然和同伴爱的滋润。

解除心理的甲胄在心理学里有个专有名词，叫"自我揭露"。心理学家亚特曼的研究显示，"自我揭露"是人际关系发展过程中一种基本的社会交换。人与人交往在开始时都只是交换一些浮面的讯息，但要建立更热络与亲密的关系，就需要有更广泛与更深入的自我揭露，包括个人的隐私、狂想、忧虑、弱点、缺点等。

有人以为透露这些"见不得人"的事或想法，会让对方瞧不起，因而讨厌、疏远你，但实验显示，只要不是太突兀，对方不仅不会鄙视你，而且还会因你的真情流露而更加喜欢你、尊重你，同时回报你以同样的真情，而使你们的关系进入另一个新的层次。

如果你怀疑，那你试试看就知道。

W 上

走出自恋的窝巢

M：

很多人都说，自爱是爱人的基础。

的确，一个人若连自己都不喜欢、不欣赏、不爱，那我们实在很难冀望他会喜欢、欣赏、爱别人。但如果一个人太喜欢自己、太欣赏自己、太爱自己，那他也不可能真的会喜欢、欣赏、爱别人。

犹记得你说你"有点纳西瑟斯"。关于纳西瑟斯，有一个后续故事：有一天，纳西瑟斯觉得他爱上了一个女孩，他和女孩来到他平日徜徉的河边，两人手牵手凝视河面，但纳西瑟斯依然只看到他自己，他身旁的女孩并不存在于河面——他心灵的视野中。

纳西瑟斯是自恋的，一个典型的自恋者在人际关系中的特征是，他只关心自己和自己的感受，夸大自己的重要性和唯一性。在谈话中，他不但只谈论自己，而且希望自己永远是话题的中心，希望别人能不断地关心、赞美他；却很少主动去关心、赞美别人。在感情方面，他只能接受，而无法付出。事实上，他渴望从别人那里得到的只是赞美，而不是关心，别人真正的关心反而会让他感到不自在。

一个自恋者通常具有某些才华（这更加深他的自恋），也许他身边会不乏"鼓掌的群众"，但却很难有知心的朋友，因为在他眼中，别人永远只能当陪衬。表面上，他也许相识满天下，但内心却非常空虚寂寞，只好一再去寻找更多、更新的"鼓掌的群众"。

还好，你也说"你又不那么纳西瑟斯"。一个人真正需要的并不是盲目崇拜与鼓掌的群众，而是真正了解、关怀与欣赏自己的朋友。但你要别人了解、关怀与欣赏你，你必须付出同样的了解、关怀与欣赏。

米德是个名满天下的人类学家，但她更看重知心的朋友——另一个女人类学家潘乃德就是她最知心的朋友。米德在形容她和潘乃德的友谊时说：

"我们一再阅读彼此的作品，写诗回赠，我们共享并分担对人类学以及对世界的希望和担忧。她去世前，我阅读过她所有的著作，而她也读过我所有的著作。从来没有人曾经如此，现在也没有。"

对一个作家或学者而言，阅读他的著作也许是了解、关怀与欣赏他的一个基本途径。所谓了解、关怀和欣赏，并不是浮面的、口头上说说而已，而是要付诸行动，主动透过各种途径去认识对方的"自我"——他的思想观念、喜怒哀乐、各种感受等。唯有在充分认识对方的"自我"后，我们才能对他产生真正的关怀和欣赏，也才能让对方觉得你是真正了解他，而不是客套。

要做到这点，我们就必须先走出自恋的窝巢，将眼光和心思

从自己身上挪开，像欣赏自己一样欣赏别人，像希望别人了解自己一样去了解别人。然后，你得到的不只是真正的友谊，更包括另一个人活生生的、丰饶的、温暖的内心世界。

W 上

富兰克林的秘诀

M：

　　酒逢知己千杯少，话不投机半句多。

　　你说即使你敞开胸怀，想和他人真诚交往，但却经常发现，有些人在交谈几句后，就让人觉得语言无味，甚至面目可憎。

　　的确，与他人交往的经验并非都是愉快的。但我想这主要是每个人的背景、人格、经验、思想、观念不同的关系，当面对一个与自己截然不同的意识体时，我们就会觉得"鸡兔同笼"，难以和他水乳相融。

　　但这并不意味我们和对方就无法有情感的交流。

　　富兰克林在宾夕法尼亚州当州议员时，曾遇到一个令他非常头痛的政治敌手——另一个州议员。这位仁兄一再和他唱反调，对他表现出明显的不友善。富兰克林想和他改善关系，但却找不到突破的方法。有一天，他听说这位州议员藏书甚丰，而且有一本极稀有、极珍贵的藏书。富兰克林于是写了一封短笺给对方，先对他的爱书与藏书表示欣赏、敬佩，然后说他渴望拜读那本稀世宝书已久："不知阁下能否慨允惠借数天？"

　　这位州议员在收到短笺后不久，立刻就派人将书送交富兰克林。过了大约一个礼拜，富兰克林在读完那本书后，也差人将书

送回给对方，并附上一封赞美该书及感谢对方的信。

下次，两个人在州议会碰面时，那位州议员就主动走过来和富兰克林寒暄（在以前，他从未这样做过）。此后，他不仅不再和富兰克林为敌，而且和富兰克林成为终生的好友。

有人认为富兰克林这种"化敌为友"的秘诀是一种心理策略——"想让对方喜欢你，就请对方帮你一个忙。"但我认为，更重要的是那本稀世藏书让富兰克林和对方产生了"存在的共享"。

富兰克林是个爱读书的人，他成功的地方是找到了他和对方的相同之处，并主动表达欣赏对方在这方面的优点。对那位州议员来说，他一定很珍惜、很看重那本书，而富兰克林居然也"识货"地想借那本书，原来富兰克林在这方面和他是"英雄所见相同"啊！在惺惺相惜之下，他和富兰克林在政治或其他方面观念的歧异，也就不那么重要了。

我要说的是，每个人都有和我们歧异的地方，但也有相同的地方。每个人都有他的缺点，但也有他的优点。在与人交往时，我们应尽量去找出自己和对方相同的地方，并学习去欣赏、赞美对方的优点。

心理学家威廉·詹姆斯曾说："人类天性中最深沉的根本，是对赞美的渴望。"我们渴望别人能欣赏、赞美我们所看重的优点，同样地，我们也不要吝于去欣赏、赞美别人。但赞美不是谄媚，像富兰克林这种不失身份而又不着痕迹的赞美，就很值得我们学习。

W 上

发现另一个自我

M：

"一介之士，必有密友。"在不断地与各式人等接触的过程中，我们终将找到我们的朋友。就像亚里士多德所说："朋友是另一个自我"，朋友不仅是"知己"——知道自己的人，我们还能从朋友身上看到"自我"。

两个朋友的交会就是两个意识的交会，这两个意识有很多地方像平滑的镜面般，能正确无误地映照出对方的心灵样貌，让彼此产生"他了解我""我们是一样的"的喜悦感觉。

哲学家罗素说："我在剑桥大学的第一学期，就认识了一大群人，他们后来都成为我终生的挚友，从此我再也没有重温童年时代那种难熬的孤寂。"朋友，是最能让我们免于孤寂的人，而求学时代，正是我们与他人建立终生友谊的黄金时代。

罗素在上大学前相当寂寞，不只因为他在五岁时，即因双亲相继故世而和年老的祖母相依为命，更因为来往的都是宗教气氛浓厚的贵族家庭，使他必须压抑自己的情感和思想。他早就怀疑上帝的存在，但却不敢对人言，而他对数学和哲学的兴趣，却被周遭的人认为荒谬可笑。没有人理解他。

但在进入剑桥大学后，他发现原来有不少人跟他一样，喜

欢谈哲学、谈内心的想法、具有怀疑精神而又热烈追求真理，他欣喜若狂，也立刻如鱼得水地加入他们，一个"意识孤岛"终于找到了类似的意识体，而融入更大的"意识群岛"中，不再感到寂寞。

不管是志趣相同或臭味相投，学生时代所建立的友谊总是令人特别珍惜和怀念。罗素在大学时代曾参加一个名为"门徒"的社团，成员只有十二人，在星期六晚上轮流到每个人的住处聚会，由一人朗读他的哲学论文，其他人参与讨论。这种讨论通常彻夜不停，直到星期日清晨，大家再迎着晨曦去散步，然后回家睡大觉（类似的社团聚会，似乎是剑桥大学的一个传统，更早以前，经济学家凯恩斯在读书时，也曾参加一个叫"午夜学会"的社团，每个星期六午夜十二点聚会，朗读令人着迷的舞台剧台词，凯恩斯说他也和这些社员成为终生的朋友）。

它的令人怀念与珍惜，不只是因为彼此兴趣相同，还有属于年轻人浪漫的理想，以及为兴趣与理想而在身心方面的耽溺与放纵。等你年纪大一点，就再难有这种机会、心情和体力。

年轻时代所结识的朋友，正具有这种可爱的特性。他们像一面晶莹剔透的明镜，映照你年轻的思想、情感、兴趣和理想。即使日后各分东西，但只要想起他们，就让人心里充满温馨。

趁现在多去认识、结交一些志同道合的朋友，去发现更多的"另一个自我"，徜徉于更大的"意识群岛"中吧！

W 上

柔情是慷慨而仁慈的

M：

　　年轻时代，也是一个人向往爱情、歌颂爱情、追求爱情的时刻。

　　爱情——渴望与另一个人在身心方面结合在一起的情感，远比友情和亲情来得激烈而复杂，但也需要更多的关切。

　　哲学家叔本华曾说，所有的爱情，不管外表多么神圣、灵妙，它的根底都只存在于性本能中。当一个人坠入爱河，变得神不守舍时，他坠入的其实是"种族灵魂"的怀抱。一个人在恋爱中所表现出来的狂喜或悲痛，事实上只是"种族灵魂的叹息"。

　　这当然有部分的真实性，但这只是爱情的"形下学"。在人性的进化中，有一部分的肉欲早已蜕变成柔情，而一个人对另一个人的柔情，是人与人间所存在的最美丽，也最高贵的情感。

　　当然，还是有人说，柔情乃是源于错觉。而这也有相当的真实性，譬如恋爱中的男子，把别人眼中的寻常女子视为"西施再世"；而恋爱中的女子，则把自己想象中的优点，都投射到情郎的身上；然后彼此含情脉脉、深情款款。我们不必否认，其中确实有很多只是幻象。

　　但与其残忍地说"恋爱中的人眼睛是瞎的"，不如说恋爱中

的人是在将对方理想化，对方只有八分好，我们却认为他有十分好，而对方显而易见的缺点，我们则认为那不算什么。在将对方理想化的过程中，我们表现出人性中最慷慨、最仁慈、最宽容的一面。

戏剧家邓南遮身材矮小，容貌也不好看，却是一个出色的情人。他令人着迷的地方就像舞蹈家邓肯所说："邓南遮在追求一个女子时，他能把她的心灵从尘世带到一种神圣的境地……他让女子们得到一种圣洁的感觉，升到高处。"

你可以说邓南遮油腔滑调，但他其实也是慷慨、仁慈的。

一个人在恋爱时，不只将对方理想化，自己也会变得比较理想。原来邋遢的人变整洁了，原来说话粗声粗气的人变得柔声细语了，原来市侩的人变得爱读诗了，原来得过且过的人变得胸怀大志了。而且周遭的人和整个世界，也都染上一层玫瑰色，变美丽、变可爱了。

这就是所谓的"柔情"或"爱情的魔力"。我们因真情流露，而使爱人、自己、他人和世界变得更美好。

心理学家喜欢说，爱情乃是来自自我的"不满足"，越是感觉到自我不完整的人，就越容易对另一个人产生痴情狂爱，这也正是古人所说的"太上忘情，下愚不及情；情之所钟，正在我辈"。

恋爱，可以使你拥有一个更圆融完整的自我，而且表现你人性中最慷慨、最仁慈、最宽容的一面。

W 上

少年歌德的烦恼

M：

"哪个少男不多情？哪个少女不怀春？此乃人性中的至洁至纯。啊！怎么从中有悲痛迸出？"

这是歌德名著《少年维特的烦恼》序言中的一段话。故事中的主角维特爱上一个名花有主的少女夏绿蒂，为情所苦的他无法自拔，最后竟举枪自尽。

爱情，虽是欢乐的源泉，但也是痛苦的渊薮。正所谓"多情多烦恼"，少年维特的烦恼，其实就是少年歌德的烦恼（当然歌德并没有举枪自尽）。歌德是个多情种子，年轻时代谈过不少恋爱，但也有过不少烦恼。而少年歌德的烦恼，其实也是很多年轻人的烦恼：

歌德和他的初恋情人彼此相爱，但歌德却怀疑她"不完全属于自己"，听到她和家人接受另一个男大学生的邀请去看戏，就发疯似的到戏院去侦察，一再地怀疑、试探和折磨，终使两人不欢而散。

爱情比亲情和友情更具占有欲和排他性，恋爱中的人不仅希望对方"只能接受我一个人的爱"，而且"心中不能有其他任何人"，结果就经常表现出强烈的嫉妒，非理性地限制对方行动

与思想的自由，情丝万缕竟变成捆绑对方的严酷绳索。这种妒火常令人抓狂，它唯一的解药就是一再提醒自己："柔情是慷慨、仁慈而宽容的。"

歌德后来和某舞师的两个女儿交往，姊姊爱他，而歌德爱的是妹妹，但妹妹却情有别钟；最后，同样以痛苦收场，歌德黯然离开这两姊妹。

"我本将心向明月，奈何明月照沟渠？"落花有意而流水无情，也常让人感到痛苦。我们应像表达其他感情一样，自然表达自己对对方的爱，但只能"尽其在我"。既然我们爱对方，那就付出我们的爱和关怀，这是我们唯一能做的事。"给予"本身即是一种喜悦，它代表我们的丰饶，但却不能强迫对方接受。如果这种给予让对方产生困扰，那就失去了爱的原意。

同样，如果有人向我们表达他的爱，即使我们碍难接受，也应心存感激，绝不能无情地加以嘲弄。

歌德后来又爱上夏绿蒂，他明知夏绿蒂已有未婚夫，但还是对她一往情深，结果越陷越深，难以自拔。最后虽然挥剑斩情丝，毅然离开，并以这段情为蓝本，写成小说《少年维特的烦恼》，但因为写得太逼真，而且丑化夏绿蒂的丈夫，结果让他们夫妇产生很大的困扰。

爱情需要理智和责任。太过理智，就不会有激情，但适度的理智却可以为爱情提供一个安全藩篱，不会盲目乱流，到最后难以收拾。而关怀本身就代表了责任，不管聚散离合，我们都不应再有意或无意地为对方制造痛苦。

要享受爱情的欢乐，不必学习，但要避免爱情的痛苦，却需要学习。

W 上

闭锁与开放的爱

M：

托尔斯泰在《战争与和平》的跋里，曾提到一对他认为"理想的夫妇"与"美满的婚姻"：

妻子在婚前是个爱打扮爱卖俏的女郎，但在婚后却洗尽铅华，谢绝一切社交活动，深居简出，一心一意地相夫教子，并学会为丈夫吃醋。而丈夫在婚前也有很多志同道合的朋友，但在婚后他也跟他们疏远了，而把全部的心力放在妻儿以及维系家庭生存的事业上。

这似乎也是很多童话、小说和电影的结局：一对男女在历经各种考验和劫难后，有情人终成眷属，两个人到一个遥远的地方，过着只属于他们的幸福生活。

但这样的爱情和婚姻，其实是一个悲剧。爱情像一条锁链将两个人捆绑在一起，长相厮守，做什么事都要出双入对，你离不开我，我也离不开你，结果双方的自我都受到了限制，无法获得应有的成长。这样的爱情和婚姻关系其实是闭锁的、停滞的、沉闷的。

另一个小说家劳伦斯在《查泰莱夫人的情人》里，也表示了他对理想婚姻的看法：

"（两个人）宛若两条船，被一条有磁性的隐形长线牵连着，分别朝相同的方向，凭自己的本事，独立地驶向同一个港口。"虽然在现实生活里，劳伦斯并没有做到这点，但这确实是比较理想的爱情与婚姻关系。

爱不是相互束缚，而是相互扶持。我们爱的不仅是对方的躯壳，更是对方的自我，而自我是会不断成长与发展的，爱应该成为激励自己成长，同时也帮助对方成长的力量。要做到这点，就必须双方都保有充分的自主权和适当的隐私权，虽然有共同的生活领域和目标，但也有各自的生涯追寻和社交活动。每个人都因对方而扩大自己的人生视野，而不是缩小。

所谓"开放的爱情"或"开放的婚姻"，并不是彼此之间没有任何约束和责任，而是让自己和对方依其本然地成长与发展。看着自己所爱的人能不断自我成长是最令人欣慰的事，当自己在成长时，对方也要无碍地成长，这样才能在不断地互相发现、惊奇与赞赏中，让爱情继续滋长，永保新鲜。

要有这种"开放的爱情"与"开放的婚姻"，必须先对自己有自信，同时也信任对方。相信自己有让对方欣赏、爱慕的优点，这些优点会与时俱增，而不是完全走样；信任对方的爱情、人格及独立判断、抉择的能力。只有互相信任，爱情和婚姻才不会沦为彼此捆绑的锁链。

而这些，也是我们需要学习的地方。

W 上

与他人共享存在

M：

人常被分为两种：一是"我们自己人"，包括亲戚、爱人、同学、同事等；二是"其他人"，不是自己人的都属于此类。通常，我们只和自己人有情感的交流，至于对其他人，我们则表现出相当的冷漠。

存在主义哲学家海德格说："人的存在，本质上是与其他人'共同存在'的。"当我们走在街上时，四周有各式各样的人和我们"共同存在"，但这只是物理上的"共同存在"，我们似乎无法，也不愿意和他们有情感的瓜葛，更不用说交流了。因为在心理上，我们和他们缺乏一体感。

我们与周遭的其他人只"共同存在"，却很少"共享存在"，但这并非无法改变。心理学家利帕曾提到他的一次特殊经验：

在他所住的小区里，居民一向是各扫门前雪，彼此之间保持一种礼貌而冷淡的关系，见面时虽会打招呼，却很少主动串门子或聚在一起闲聊。但在一九六三年肯尼迪总统被暗杀的那一天，利帕回家时，却看到邻居们不知道从什么地方冒了出来，三三两两地聚集在街道上、树荫下，热络地交谈着。

为什么这些原本好几个月彼此都不说一句话的邻居们，会变得如此热络呢？利帕说，那是因为总统被暗杀的消息让他们产生了一体感——"我们"的总统被暗杀了！并因而产生共同的焦虑，他们亟须与他人来共享或分摊这种焦虑。

不只共同的焦虑，共同的期待和快乐也会让陌生人产生一体感而出现温馨的情感交流。在我年轻的时代，我国台湾青少年的棒球运动如火如荼，当中国台湾的少棒队远征美国威廉波特时，全岛各地的冷饮站在深夜都灯火通明，电视机前也围坐着一大堆不知从哪里冒出来的观众，边看电视边热络地交谈着。在一棒定江山，获得世界冠军时，有人高兴地放鞭炮，而更多的人则聚集在冰果室内外、街头巷尾，兴奋、愉快地交谈着："我们的少棒队赢了！"彼此以情感相互滋润，久久不忍离去。

这不只是"共享存在"而已，就像瑞典的一句俗话所说："分享的快乐会带来加倍的快乐，分摊的痛苦则能减轻一半的痛苦。"即使是和平日与我们不相干的他人做情感的交流、相互滋润，也具有这种神奇的效果。

但很可惜的，在事过境迁，一切又恢复"正常"后，大家就又收起了笑容，变得如往昔般冷漠。

如果我们认为在某些特殊的情境中，大家放下身段，彼此相濡以沫，是一种让人回味无穷的真情流露，那正表示我们平日的矜持和冷漠，是多么虚假又让人失望。

尝试摘下你那僵硬而虚假的面具吧！要让你的人生处处有温情，不只要和自己人共享存在，亦需和其他人、所有人共享存在。

W 上

快乐的魔法师

M：

从前，有一位年轻的王子，靠着父王的钟爱和权力，想要得到什么就能得到什么，没有一种欲望不能获得满足。但他却经常愁眉苦脸，闷闷不乐。国王为此而担忧。

有一天，一位魔法师走进王宫，对国王说他有办法让王子快乐，使愁颜变成笑脸。国王听了很高兴，答应只要魔法师办到，他愿意给他任何奖赏。魔法师于是将王子带进一间密室中，用白色的粉末在一张白纸上涂抹，然后要王子在黑暗中点燃蜡烛，白纸将会显现神明给他的指示。说完后，魔法师就走了。

王子遵照魔法师的指示去做。在烛光的映照下，原来看不见的白色字迹忽然变成美丽的绿色，清楚地呈现"每天为别人做一件善事"几个字。这就是神明给他的指示，他依指示去做，不久，就成为全国最快乐的少年。

神明的指示似乎只是在重弹"日行一善""助人为快乐之本"这样的老调，了无新意。不过这个故事的重点是在"魔法"，如果是由寻常人、国王，甚至魔法师的口中说出同样的话，那王子可能把它当作耳边风，根本不会切实去做。而真正的"魔法"是，你若确实每天去帮助别人，你就会真的变快乐，就像白纸映照烛光，变出美丽的字迹般。

在我们的生活周遭，不管是亲戚、朋友、同学或陌生人，多的是我们可以帮助或需要我们关怀的人和事，但我们却甚少付出关怀、给予帮助，因为我们总是先入为主地认为，这对自己没有什么帮助。

其实，关怀和帮助别人会让自己获益良多，而最大的好处就是让自己快乐。

如果你捐过血，你就能体会其中的奥秘。很多捐血人都是常客，每隔一段时间就主动去捐血，甚至有点"上瘾"。为什么会如此呢？因为每次捐完血，他们的心中就会充满快乐。他们是对快乐而不是捐血"上瘾"。

一个捐血人之所以快乐，因为他只给予而不求回报。血当然是给需要的人，但他们却不知道自己的血帮助了什么人，当然也不会期望对方的回报。这才是真正的给予，也是真正的助人。只有如此单纯的给予和助人，才能让我们产生真正的快乐。

关怀和帮助别人需像捐血一般，不必欲求回报，也不必担心自己会有什么损失。我们虽然捐出部分的血，但自己的身体却能制造出更多的血，反而使自己的生命获得更新，变得更清新。我们因付出而变得更丰饶。

托尔斯泰曾说："我们因受某人帮助而爱他，远不如我们因帮助某人而爱他。"当有人关心我们、帮助我们时，我们当然会因此而喜欢对方、爱对方，但如果你能主动关怀、帮助其他人，你

也会因此而变得喜欢、爱对方，而这是更深邃，也更值得珍惜与开发的喜欢和爱。

你如果不相信，不妨试试看。

W 上

纵浪大化中

泽集

幸福是什么？

M：

在生命的旅途中，当你奋力或勉力前行时，难免会突然停下脚步，驻足沉思："这，就是我想要的吗？走上这条路，我的人生会比较幸福吗？"

每个人都渴望拥有一个幸福的人生。但什么叫幸福？不只因人而异，更会因时而异，一个人在二十岁时所追求的，跟他在五十岁时所向往的，极可能是截然不同的幸福。

有"法国大革命导师""自然主义之父""浪漫主义之父"美誉的卢梭，出身于瑞士的一个钟表匠家庭，他八岁就离开家乡，寄居四处，流浪八方，因一再地不满于现状，而做过很多工作，包括律师助理、雕刻学徒、金饰店店员、贵族家庭仆役、神学院学生、地籍调查员、勤务兵、翻译员、音乐教师等，年轻时代的生活相当坎坷。

但慢慢地，他终于有了让很多人羡慕的幸福生活：有好几个美丽而多情的贵妇对他垂爱、呵护备至，而他更凭其卓越的才华和见识，写出了《民约论》《爱弥儿》《新爱洛伊斯》等不朽杰作，引领社会风潮，周旋于巴黎的上流社会及高级知识分子之间，成为受人崇拜的英雄人物。

但后来，卢梭在他那大胆自剖的《忏悔录》里却不止一次提到，说他当初如果不离开家乡，像他父亲一样做个钟表匠以终；或者在他坎坷流浪的某个时候能安定下来，不管是做个地籍调查员还是音乐教师，而不要到巴黎去，那他的人生可能会比较幸福。

　　因为他发现大多数欢乐的背后其实都隐含了不安和痛苦，继声名而来的则是各种恶意的攻讦和猜忌，他只是变得比较复杂而已，并没有变得比较幸福。当他有点身不由己地被推向生命的高峰时，他虽然表现出他最好的一面，但也表现出他最坏的一面，在善良、高贵、谦卑与邪恶、堕落、张狂之间，他的生命被难过地撕扯着。

　　卢梭对自己生命的反思，让人想起两句古诗："绝怜高处多风雨，莫到琼楼最上层。"

　　但这并不是在劝你或暗示你不必"更上一层楼"，而是希望你了解，幸福跟你爬得多高没有关系。

　　很多人羡慕别人的生活，认为自己将来如果能"像他一样"，那将是无比幸福。但这些被羡慕的人，却往往不认为自己是多么幸福；至少，没有自己过去所期待的那种幸福感觉。他们反而渴望过一种比较单纯、比较平凡的生活，认为那才是人生真正的幸福。

　　你有你的幸福，我有我的幸福。只能从别人的眼中看到幸福，是一件悲哀的事。其实，只要自己心安理得、无愧无悔、自得其乐，就是幸福。这是最简单、最实在，也最容易得到的幸福。

Ｗ 上

第十三项德行

M：

富兰克林在二十来岁时，曾为自己列出了十二项应该身体力行的德行。它们分别是：节制、沉默、秩序、果断、俭朴、勤劳、诚恳、正直、中庸、清洁、宁静、贞洁。

后来有一位朋友亲切地告诉他，说他虽然才华出众，也很有德行，但却经常给人一种睥睨一切、傲慢自大的感觉，他大概不认为这有什么不对。

富兰克林虚心检讨，觉得自己确实有这种毛病，于是又在他的德行栏目里添加了"第十三项美德"——谦卑。

谦卑，不只是待人处世时应有的一种德行，更是观照自己时应有的一种态度。如果你能谦卑些，那么你的人生就会显得更自在、更幸福。

谦卑的第一要义是体认自己的渺小。就浩瀚无垠的宇宙来说，整个地球、整个人类都是异常渺小的，而你我当然就更加渺小。在这个渺小的世界里，就像庄子所说，什么贤愚、贵贱、成败、得失，都没有什么太大的差别。但这不是犬儒式的虚无主义，而是跳脱出因狭隘的差别观所带来的"自贵而相贱"，所产生的怨恨、憎恶、忧郁和悲痛。

只有具备广大的视野，开阔的心胸，才能发现自己的渺小。因此，一个谦卑的人必然也是视野广大、心胸开阔的人，他能够以更宽容的心来欣赏别人的成功，接纳自己的失败，同时不会武断地认为"事情就是如此，无法改变"。因为谦卑的人会认为，他无法以其"迟钝的能力"知晓上帝的意旨。

但这并不是说，自觉渺小就只能志微气短。事实上，大多数有大成就、成大事业者，都是自觉渺小、心怀谦卑的人。像带来伟大发现的爱因斯坦就说，他只是"不断尝试去了解在自然中所启示的极微小部分的智慧而已"，他更说："我相当清楚自己并没有什么特殊的才能。好奇、固执与忍耐，再加上自我批判，使我产生了我的观念。若说我有什么超强的思考能力或头脑，我是没有的，我有的也许只是中等的才智而已。"

当你成功时，自大不会使你在他人眼中变得更伟大，或让自己变得更快乐，但谦卑却可使你在他人眼中变得更伟大，自己觉得更快乐。反之，当你失败时，傲慢也不会使你在他人眼中变得更无辜，或减少自己的痛苦，只有谦卑才能使他人认为你是无辜的，并减少自己的痛苦。

"自觉渺小的谦卑"和"胸怀远大的梦想"并不会不兼容。因发明几种独步全球的肝癌手术方法而蜚声国际的林天佑医师，曾在《传记文学》连载他的回忆录，在结集出书时，他说他本想命名为《小蚂蚁的脚音》，但后来"不自量力"地将它改为《象牙之塔梦回录》。

这不是"不自量力"，而是我们一方面要自觉渺小，另一方面要敢于去做梦。

W 上

蝴蝶与坦克

M：

　　海明威有一篇短篇小说，名为《蝴蝶与坦克》，描述在战争的严肃气氛中，一位欢乐的男子在酒馆中被射杀的故事。

　　蝴蝶象征男子轻盈的欢乐，而坦克则象征战争沉重的肃杀，这两者起了冲突。但海明威的弦外之音是：欢乐与严肃、蝴蝶与坦克难道是不相容的？一定要有我无你吗？

　　就一个人的生命或自我来说，我们也面对了同样的问题：欢乐与严肃、温柔与刚猛、理性与感性、孤独与合群、宁静与喧嚣，难道你只能二选一，而不能兼容并蓄吗？

　　海明威自己为我们提供了答案。在生命如春花绽放的青少年时代，他几乎同时喜欢上了拳击与写作，拳击像坦克，是刚强的，是"力"的表现；而写作像蝴蝶，是柔婉的，是"美"的象征。他把两种在本质上南辕北辙的东西，巧妙地结合在一起，"力"与"美"正是海明威一生追求的目标。

　　英国前首相撒切尔夫人，她早年的外号就叫作"铁蝴蝶"（后来被称为"铁娘子"），法国总统密特朗形容她"眼睛像卡里古拉（罗马皇帝），而嘴唇则像玛丽莲·梦露"，另有记者说她"皮肤宛若婴儿，眼睛却似导向飞弹"。

这种看似矛盾的组合，不只存在于外貌，亦表现在日常生活中。在未从政前，她做过化学师、当过律师，但也曾经梦想要当一个电影明星，也做过试穿花呢服装的模特儿。

我们很难用简单的语汇来概括海明威，因为他热爱生命而又喜欢玩命，纵情享乐而又辛勤工作，喜欢户外活动而又耽读小说，酷饮烈酒而又黎明即起，喜欢吹牛而又实事求是，粗犷豪迈而又容易受伤害。

他一下子在残酷的战场奔走，一下子在狂热的斗牛场叫嚣，一下子又独自到暗夜的溪边垂钓；今天到荒郊野外打猎，明天在孤寂的阁楼上写作，后天则和迷人的美女谈恋爱。

我们也很难用传统的"男人"或"女人"来定义撒切尔夫人。她有极刚强果决的一面，在国会殿堂上，她为她的治国理念和政策激烈辩护，毫不退缩；当阿根廷侵占马尔维纳斯群岛时，她立刻派遣舰队做一万二千八百公里的长征。她也有极细腻温婉的一面，在电视上，她告诉妇女同胞她如何烫裙子以及如何让蝴蝶结保持坚挺的"女性秘密"；虽然从政多年，她一直没有雇用女佣，而是亲自主持家务，即使当了首相，她还是每天早上烤面包，晚上有空就做马铃薯肉饼，与家人共享。

海明威和撒切尔夫人的共通点是：他们是充满了"生命活力"的男人和女人。所谓"活力"，是生命不会"固着"或"偏执"在一个定点上，而是在两种不同的特质间流动，看似矛盾的东西或活动兼容并蓄，而这也是让他们的生命显得多彩与丰饶的秘密。

　　要使生命无悔，就要做个充满生命活力的人。让生命有欢乐，也有严肃；有温婉，也有刚猛；有宁静，也有喧嚣；有理性，也有感性。

W 上

生命的变与不变

M：

　　当你在黑暗中注视一盏煤油灯时，你会发现它那往上冒的火焰焰苗不停地在变化，但在刹那生灭中，灯焰似乎又依然是原来的灯焰。它是"既非同一焰，亦非另一焰"。

　　生命正像灯焰。乍看没什么改变，其实一直在变化中；虽然不停地在变化，但似乎又有它不变的地方。

　　文学家歌德一生爱过无数女子，他把令他心动、追求的迷人女性当成自己的生命章节。歌德在七十四岁垂垂老矣时，还爱上一个十七岁的如花少女翁尔丽克。

　　这就是歌德生命中的变与不变。不变的是他对爱情的渴望，变的是他不断爱上不同的女人。

　　但如果要发明家爱迪生写自传，也许就会出现如下的章名：自动电报机、行市指示机、电灯、留声机、采矿机、电影、蓄电池、人工橡胶等。他觉得应该以他醉心研究、发明的科技产品来为自己的人生分期。爱迪生在死前两年虽已无法到他的研究室，但仍然每天听取助理们如何以麒麟草制造橡胶的报告。

　　这也是爱迪生生命中的变与不变。不变的是他对发明的热衷，变的是他不断地发明新的机器产品。

　　歌德和爱迪生都是生命发出灿烂光彩的伟人。女人和机械虽然南辕北辙，却生动地反映了他们两个人不同的生命特质和兴趣、各自追求的生命主题或者基调。而且，他们都不是将他们的追寻固着在某一个点上，而是不断前进，一山又一山地攀爬。

　　生命的鲜明在于拥有一个明确的主题，而生命的多彩则在对此主题做不同的挥洒。这也是我所了解的生命的变与不变。不变的是生命的主题和基调，变的是对它的追寻和挥洒。

　　到底是在爱情方面求变化还是在创造方面求变化，较能让人满足？显然因人而异，何者较值得追求，似乎也没有什么标准答案。

　　哲学家罗素曾说："爱迪生这种人不得不制造机械，以这种机械再制造另一种机械，这样无限制地制造下去。"言下不无调侃之意。爱迪生的确是个机械迷，他对机械的兴趣远大于女人。但我想爱迪生不是缺乏"爱的生命力"，而是因为他不断地制造机械，所以不必如歌德或罗素般不断地制造恋情。不断地创新、发明新机械，满足了他对生命变化的渴求。

　　每个人都渴望自己的生命能鲜明而多彩，但生命需有所变与有所不变。就人类整体的幸福而言，爱迪生似乎比歌德和罗素更让人欣赏。

w 上

活出自己的风格

M：

上帝赏赐给每个人一支生命的风笛，由个人吹出属于自己的、风格独特的生命之音。

罗家伦在当台湾"清华大学"校长时，曾和几个朋友去拜访大画家齐白石。一进大门就看见屏风上贴着卖画的价格（以大小论价，譬如一尺六元），进了客厅，又看到同样的"价目表"贴在墙上。当时罗家伦的心里颇为反感，心想："这简直是市侩，怎可算风雅画家？"但后来知道他的经历后，也就释然了。

齐白石的确不像一般画家那样"风雅"，但这正是他"不同流俗"之处。齐白石其实是近代中国风格最独特的一个画家。他的独特性，乃是来自他独特的生命历程。

齐白石出身于湖南的贫穷农家，虽然很早就展露绘画的才华，但在读了一年免交学费的书后，即因家里糊不了口，而辍学上山砍柴、牧牛、捡牛粪，十五岁学做木匠，帮忙分担家计。但他还是无法忘情于绘画，而利用晚上的时间，烧松柴照明，描摹和抄写借来的《芥子园画谱》及《名家诗集》，想成为一个画家。

在经过如此的苦学、自学后，他的画终于引起了传统文人的注意。画家胡沁园和大名士王湘绮纷纷收之为门生，于是齐白石

一步一步地踏进了不属于他的文人圈子。但他并没有因此而迷失自己，反而一步一步地展露出属于他自己独特的生命情调。

譬如有一次，胡沁园约集诗会同人，赏花赋诗。大家歌咏的都是牡丹花，但齐白石吟出来的却是"莫羡牡丹称富贵，却输梨橘有余甘"。在如同"牡丹"的文士及官宦子弟之间，他以"梨橘"自比，不仅不羡慕他们，而且还肯定自己的"余甘"。这种自我肯定使他虽长期周游于文人之中，仍能保持"和而不同"的独特风格。

齐白石虽被归类为文人画家，但传统的文人画常以山水、花鸟、隐士为内容，画风以"冷逸空灵"见长，而农民和工人出身的齐白石，"冷逸空灵"不起来，"舍真作怪此生难"，他反而喜欢用粗犷、有劲的线条去画他所熟悉的白菜、辣椒、芋头、稻穗、蜻蜓、蚱蜢、蝌蚪等动植物。

而他被罗家伦误以为的"市侩气"，其实亦是他这种独特风格的显现。他卖画就跟在卖布一样，因为农工出身的他，认为他靠卖画养家糊口，就像其他买卖一样，明示价钱，童叟无欺，原是极自然的事；其他画家故作清高或风雅，不标价而让人忸怩推敲，或是因人而论价，那才是虚伪和作怪。从这点来看，齐白石反而是既可爱又真诚的。

"世态便如翻覆雨，妾身元是分明月。"生命因独特的风格而显得分明。不管你要成为什么"人"、什么"家"，你都不是别人，而是你自己，必须有属于自己的生命风格。而生命的独特风格来自独特的经验与体悟，不随别人的音乐起舞，以及不畏世俗的白眼和冷眼。

W 上

在社会与历史的舞台上

M：

每个人都应该尽量发挥他的生命活力，拥有自己的生命风格。但生命并不单纯是私人表演，它是更大的社会、历史、文化剧场里的一部分。

我想你可能听过德国数学奇才高斯的故事：高斯十岁时，他小学的数学老师布特纳出了一道算术难题："把从一到一百的整数相加，总和是多少？"布特纳本想在学生花时间计算时，自己喘口气，想不到聪明的高斯利用算术级数的对称性，不必用笔演算，就直接写出正确的答案"五千零五十"。

惊讶的布特纳觉得他是可造的数学天才，立刻从汉堡邮购一本高深的数学课本，延请数学高手来教导他，同时游说高斯的父亲，不要再让高斯整天织亚麻布来帮忙分担家计，而应该让他研读数学。后来，在费迪南公爵的赞助下，高斯进入当时欧洲的数学重镇哥廷根大学，翌年（十九岁），就解决了困扰数学界多年的正十七边形作图问题，随后，更陆续发表了很多数学上的创见，成为留名青史的伟大数学家。

但我想你可能没听过印度数学奇才拉玛努贾的故事：他被很多人誉为"二十世纪最具才华的自然数学家"，从小就喜欢数学，

但在他的家乡印度，缺乏良好的师资，也没有足够的信息，不过他却凭其天分，完成了很多令周遭师友讶异的数学发现。

在二十世纪三十年代，他满怀信心与期待，前往英国伦敦，想一展所长，但很快，他的一颗心就开始往下沉，因为他发现自己过去多年凭自学辛苦所得的"重大发现"，都是欧洲的数学家早在多年前就已经发表过的。他既"生不逢辰"更"生不逢地"，已无法成为当代数学领域里的顶尖人物，只好抑郁以终。

同样是数学神童，也同样以数学作为他们自我追寻的主要目标，但因为生活在不同的社会、历史、文化舞台上，结果使得高斯和拉玛努贾有了截然不同的人生戏码。

也许这就是所谓的"命运"。古人说"君子以不在我者为命"，在人生的舞台上，有很多因素都是自己无法掌握的，譬如你的国家是在兴盛还是在衰败之中？社会的风气是和谐还是暴戾？文化是开放的还是闭锁的？家庭的背景与周遭人士的价值观如何？它们都"不在我"，但却都会影响甚至干扰你自我追寻的轨迹和结果。

毕加索、米罗和达利被称为二十世纪最伟大的三大画家，他们都是西班牙人，却都年纪轻轻就前往巴黎，然后闯出名号，奠定其世界级大师的地位。为什么他们三个人会不约而同在年轻时代就前往巴黎？因为巴黎乃是十九世纪到二十世纪中叶世界艺术的中心，各种不同的思潮、流派在这里诞生、交会、激荡、融合，你置身其中，接受它的洗礼，就更能有反映时代脉动的创见。另外，巴黎也会大大提高你的能见度，让世人有机会认识你。

一个有抱负的聪明人，总是会留意并寻找适合自己挥洒的舞台。谁不希望在自己登场时，舞台上有亮丽而合适的布景，能和自己的演出相得益彰？但并非人人都能如愿，更非每个人都想离开或抛弃自己所出身的社会、历史、文化舞台；于是有人开始尝试去做另一种追寻，在下一封信里，我再对你说分明。

W 上

小我与大我的追寻

M：

　　自我追寻有两个层次：一是"小我的追寻"，具有私人性质的生命演出；二是"大我的追寻"，将个人融入更大的社会、历史、文化剧场里的追寻。

　　我在前面说过，印度圣雄甘地年轻时候到英国留学，学成后，到印度人向往的移民天堂——南非，当一名律师，过着相当西化的优渥生活。

　　他凭着个人的聪明才智，轻而易举地就摆脱了他多数同胞的不幸命运，实现了他早年的人生目标。但他还是经常感到空虚与苦闷。

　　有一次在南非，他不顾朋友的忠言，买了头等厢的车票搭乘火车旅行，结果因为白种乘客的抗议，而被查票员"请"到货车厢去。甘地据理力争，但这不是钱的问题，而是肤色的问题。最后，甘地连人带行李被推出车外，孤独地站在灰暗而陌生的车站，看着"文明列车"发出亢奋的鸣声，无情而决然地弃他而去。

　　这次的惨痛经历及随后的一些事，使他终于明白，不管他赚多少钱、英语说得多流利，他都只是"失根的兰花"，都无法改变他是一个受歧视的印度人的事实，而这也是他在小有成就后，依然感到空虚与苦闷的真正原因，因为他到此为止的人生，虽然亮丽，但却和他所属的社会、历史、文化布景不搭调。

在痛定思痛之余，甘地放弃了独善其身的"小我的追寻"，开始了另一轮的"大我的追寻"——回到他所属的社会中，重拾被他所淡忘的历史和文化，并领导他的同胞，对抗英国的殖民统治。

这种"大我的追寻"，不仅使甘地的生命有了明确的归属和更踏实的意义，为印度和他自己创造新的历史，同时也为日后的印度人提供了一个比较光彩的社会、历史、文化舞台。

同样的道理，李远哲在获得诺贝尔化学奖后，毅然放弃在美国的优渥待遇和更上一层楼的科学研究，回到故乡台湾从事艰辛、吃力不讨好的行政及教育改革工作，也是以"大我的追寻"来取代过去"小我的追寻"。因为他希望除了自己成长外，他所属的社会和同胞也能跟着成长，他希望为后人提供一个更理想的社会、历史、文化舞台。

你还年轻，才准备开始"小我的追寻"而已，现在跟你说这些也许言之过早，不过希望你了解，一个人应该在"大我的脉络"里从事"小我的追寻"，才会有比较踏实的感觉。

自我的追寻是绵延不绝的，它并非从你开始，更并非到你就结束。前人的追寻不仅提供了你人生的剧本，更搭建了供你演出的社会、历史、文化舞台；而你和时下众人的演出，也将为后人提供类似的剧本和舞台。对你所置身的这个舞台，不管你是满

意还是抱怨，它都是你必须认同与珍惜的舞台。但愿你和所有的"新新人类"在接下来的日子里能搭起更亮丽的舞台，而不是把前人辛苦建立起来的舞台弄糟了、弄垮了。

W 上

不忘旧时盟

M：

　　每个人都有"系列性的自我"，而生命的丰盈是让这个系列性从"小我"向"大我"开展。一个人在二十一岁时，通常是他有着最远大抱负、想让自己向整个世界开放的时刻。

　　有一个人，在二十一岁的某天清晨，从一夜的酣眠中醒来，看到射进房里的灿丽阳光，听见窗外小鸟悦耳的鸣啭，他感谢上苍赐给他的幸福，但也为周遭更多人的苦难而感叹。仿佛圣灵降临般，他严肃地对自己说："我允许自己在三十岁以前为学问和艺术而活，但在三十岁以后，我要为人类奉献余生。"

　　这个人就是施韦泽。他在为自己许下此高贵的誓言时，刚服完兵役，仍就读于斯特拉斯堡大学。在三十岁以前，他的确是为了学问和艺术而活，而且活得多彩多姿。他在二十六岁时，就已经拥有哲学、神学和音乐三种博士学位，是康德哲学和巴赫及华格纳音乐的知音、大学的神学讲师、教会宿舍的总干事、杰出的大风琴演奏家、制造风琴的高手，生活忙碌、充实而快乐。

　　但就在三十岁生日过后的某一天，他看到教会一则有关非洲土著悲惨生活的报道，想起自己在二十一岁时所许下的诺言，而决定到非洲去奉献余生。在了解土著最需要的是医疗后，如我前

面所说的，他以三十岁的"高龄"进入大学医学系就读，花八年的时间修完"可怕"的医学课程，取得医师资格后不久，就前往非洲，在赤道附近的兰巴雷内，筚路蓝缕、一砖一瓦地建立起他的丛林医院，真的把他的余生都奉献给了当地土著。

当他要前往非洲前，甚至在他念医学院时，很多亲友都对他将自己灿烂的人生"重新归零"感到惋惜，劝他不要糟蹋自己的才华和生命，但施韦泽却说："我必须给予别人一点东西，来酬偿我所享有的福业。"他必须去兑现二十一岁时所许下的诺言，或者实现二十一岁时所怀抱的理想。

爱因斯坦说："每个人都有一定的理想，这种理想决定他努力和判断的方向。在这个意义上，我从来不把安逸和享乐看作是生活本身的目的——我把它称为'猪栏的理想'。照亮我的道路，并且不断给予我新的勇气去正视生活理想的是善、美、真。"在追求真、善、美的过程中，爱因斯坦进一步指出，"只有为别人而活的生命才是值得的""只有献身于社会，才能找出实际上短暂而又有风险的生命意义"。

如果施韦泽在三十岁以后，依然留在繁华的欧洲，继续他的哲学研究、讲授他的神学、演奏他的手风琴，那他也许只是在重复他的生命乐章而已，他的自我将停滞、搁浅在一个高原之上。他的"不忘旧时盟"，不仅使他的生命获得更新，他的自我变得更充实、更完整，而且让更多的人受益。

丹麦哲学家祁克果曾经语带调侃地说："生活的秘密在于随意宣说自己年轻时候有过什么梦想，以及后来如何受阻而没有实现。"也许这是很多人生活的真相，但不应该是你的宿命。我衷心祝福你，不管你现在心目中的梦想是什么，对自己许下什么生之诺言，希望你到三十岁时，仍能"不忘旧时盟"。

W 上